NEW PRACTICAL COLLEGE BOOKS

智囊图书·建筑书系

全国土木工程类实用创新型规划教材

建筑工程造价实务

JIANZHU GONGCHENG ZAOJIA SHIWU

主编 杨勇

哈爾濱工業大學出版社

HITP

内容简介

本书按照职业教育改革的指导思想进行编写，打破传统以学科体系编写教材的模式，以实际工作过程模拟不同的学习情境开展相应的教育教学，重视学生解决问题的能力、实际动手能力和团队协作能力的培养，指导学生以工作本位的学习为目标。本书内容主要从工程量清单的编制依据、编制方法、建筑工程及装饰装修工程工程量的计算方法等几个方面开展，力求达到所学知识及能力能够与岗位职业能力要求接轨。

本书可作为建筑工程造价、建筑工程技术、工程管理等建筑类专业的教学用书，也可作为在职人员岗位培训、本科院校、自学辅导等相关专业人员学习参考用书。

图书在版编目(CIP)数据

建筑工程造价实务/杨勇主编.—哈尔滨：哈尔滨工业大学出版社，2014.8

ISBN 978-7-5603-4873-5

Ⅰ.①建… Ⅱ.①杨… Ⅲ.①建筑工程-工程造价-高等职业教育-教材 Ⅳ.①TU723.3

中国版本图书馆 CIP 数据核字(2014)第 182598 号

责任编辑 张 瑞
出版发行 哈尔滨工业大学出版社
社 址 哈尔滨市南岗区复华四道街 10 号 邮编 150006
传 真 0451-86414749
网 址 http://hitpress.hit.edu.cn
印 刷 三河市越阳印务有限公司
开 本 850mm×1168mm 1/16 印张 11.5 插页 10 字数 420 千字
版 次 2014 年 8 月第 1 版 2014 年 8 月第 1 次印刷
书 号 ISBN 978-7-5603-4873-5
定 价 30.00 元

Preface 前言

职业教育的培养目标是培养面向基层，面向生产、服务与管理第一线的实用型、技能型人才。为了提高职业教育教学质量和人才培养质量，必须坚持以就业为导向的教学指导思想，针对培养目标，突出职业特色，注重能力培养，加强素质教育，大力改革和创新教学模式和方法。

“建筑工程造价实务”课程的性质定位是以培养学生的工程计价实务能力为目标，针对土建、装饰工程造价员岗位职业能力的要求而设置的一门课程，主要培养学生工程计量能力及计价文件编制的能力，为学生今后取得造价员职业资格证及岗位拓展打下坚实基础。本课程涉及面广，专业性较强，系统全面地研究工程造价构成、工程造价计价依据以及定额、清单计价模式，掌握清单计价的基本方法，为企业经营与管理决策提供准确有效的数据。在教学方法上，主要以案例教学法和分组讨论法为主，并结合教师知识点的讲解与实例分析，通过课堂即时训练和课后能力训练，以此强化学生的岗位职业能力，力求学生毕业后即能满足造价员工作岗位的需求，能独立担纲工程造价计价的工作。

本书按照教学改革指导思想，以实际工作过程为载体模拟相应的学习模块，真正做到知行合一，工学结合。通过学习和训练，不但能够提高岗位职业能力所需的专业知识，并且重视对团队协作能力和耐心细致、一丝不苟的工作作风的培养。

本书在编写过程中所用标准及规范有：《建设工程工程量清单计价规范》(GB 50500—2013)、《建筑工程建筑面积计算规范》(GB/T 50353—2005)、《贵州省建筑工程计价定额》等；同时，在编写过程中除了参考文献所列的署名作品外，还参考了部分无法核实作者及名称的资料和图片，因此该部分无法注明，在此表示衷心的感谢。

本书主编杨勇老师毕业于贵州大学，国家二级注册建造师，特种作业安全培训教师；从事建筑工程计量与计价教育教学工作近十年。

尽管编者非常努力，由于水平有限，书中难免存在疏漏和不足之处，恳请广大读者及各位同行批评指正。

编　者

1 有关执业资格考试介绍

注册建筑师执业证书

由国务院建设主管部门颁发证书

全国注册建筑师管理委员会负责注册建筑师考试

注册建筑师考试分为一级注册建筑师考试和二级注册建筑师考试。注册建筑师考试实行全国统一考试，每年进行一次

考证及岗位要求

1. 了解建筑材料的基本分类
2. 了解常用材料（含新型建材）的物理化学性能、材料规格、使用范围及其检验、检测方法
3. 了解绿色建材的性能及评价标准
4. 掌握一般建筑构造的原理与方法，能正确选用材料

对应岗位

建筑工程师

结构工程师

审图工程师

2 有关执业资格考试介绍

注册建造师执业证书

由国务院建设主管部门颁发证书

注册建造师考试分为一级注册建造师考试和二级注册建造师考试。注册建造师考试实行全国统一考试，每年进行一次

考证及岗位要求

1. 掌握水泥、建筑钢材、混凝土的性能和应用
2. 了解石灰、石膏的性能和应用
3. 掌握建筑防水材料的特性与应用
4. 熟悉建筑防火材料的特性与应用
5. 了解建筑防腐材料的特性与应用
6. 掌握饰面的石材和建筑陶瓷、木材和木制品的特性与应用
7. 熟悉建筑玻璃、建筑高分子材料的特性与应用
8. 了解建筑金属材料的特性与应用

对应岗位

施工员

项目经理

造价咨询师

技术总工程师

监理工程师

总监理工程师

3 有关执业资格考试介绍

注册结构师执业证书

由国务院建设主管部门颁发证书

注册结构师考试分为一级注册结构师考试和二级注册结构师考试。注册结构师考试实行全国统一考试，每年进行一次

考证及岗位要求

1. 了解材料的组成
2. 掌握建筑材料的基本性质
3. 掌握无机胶凝材料、混凝土、沥青及改性沥青、建筑钢材、石材和黏土、木材等材料的性能与应用

对应岗位

结构工程师

建筑工程师

审图工程师

4 有关执业资格考试介绍

安全员、施工员、质检员、造价员、材料员证书

由各省建设主管部门颁发证书

考证及岗位要求

1. 掌握各类建筑材料的性能与应用

对应岗位

安全员
施工员
质检员
造价员
材料员

5 有关执业资格考试介绍

全国监理工程师执业资格考试

由国家人事部、建设部联合颁发

监理工程师是指经考试取得中华人民共和国监理工程师资格证书，并经注册，取得中华人民共和国注册监理工程师注册执业证书和执业印章，从事工程监理及相关业务活动的专业人员

考证及岗位要求

1. 工程建设监理概论

2. 工程质量、进度、投资控制、建设工程合同管理和设计工程监理的相关法律法规等方面的理论知识和实务技能

对应岗位

监理员
监理工程师

6 有关执业资格考试介绍

全国造价工程师执业资格考试

由国家人事部、建设部联合颁发

从事工程造价业务活动的专业技术人员，只有经过全国造价工程师执业资格统一考试合格，并注册取得《造价工程师注册证》以后，才具有造价工程师执业资格，才能以造价工程师名义从事建设工程造价业务，签署具有法律效力的工程造价文件

考证及岗位要求

1. 工程造价管理相关知识

2. 工程造价的确定与控制

3. 工程技术与工程计量和工程造价案例分析

对应岗位

造价员
造价工程师

目录 Contents

模块 1

工程计量与计价前的准备工作

【知识目标】

1. 掌握建设工程造价的概念；
2. 掌握基本建设程序的概念；
3. 掌握基本建设项目的划分；
4. 了解建筑工程计价文件的分类及特点；
5. 掌握定额计价模式与工程量清单计价模式的基本概念、联系与区别。

【能力目标】

1. 具备区分及识别定额计价模式与工程量清单计价模式的能力；
2. 培养耐心细致、一丝不苟的工作作风和动手解决问题的能力。

1.1 建筑工程造价基础资讯

1.1.1 建筑工程造价相关知识点

1. 建筑工程造价的概念

工程造价是指进行某项工程建设所花费的全部费用。工程造价是一个广义概念，在不同的场合，工程造价含义不同。由于研究对象不同，工程造价有建设工程造价、单项工程造价、单位工程造价以及建筑安装工程造价等。

2. 建筑工程计价活动的概念

建筑工程计价活动的结果既是工程建设投资的价值表现，同时又是工程建设交易活动的价值表现，因此包括两层含义。

第一层含义：在工程投资范围内是指建设一项工程预期开支或实际支付的全部固定资产投资费用，包括建筑安装工程费、设备及工器具购置费、工程建设其他费用、预备费用和建设期银行贷款利息等。

第二层含义：在承发包范围内是指完成建筑工程所发生的全部费用，包括工程直接费、间接费和利润。

1.1.2 基本建设概述

1. 基本建设的概念

基本建设是指固定资产扩大再生产的新建、扩建、改建、恢复工程及与之相关的其他工作。基本建设是形成新的固定资产的经济活动过程，把一定的物质资料，如建筑材料、机器设备等，通过购置、建造和安装等活动转化为固定资产，形成新的生产能力或使用效益的过程。与此相关的其他工作，如征用土地、勘察设计、筹建机构和职工培训等，也属于基本建设的部分。而基本建设程序，是指基本建设全过程中各项工作必须遵循的先后顺序。

2. 固定资产的概念

固定资产是指企业使用期限超过 1 年的房屋、建筑物、机器、机械、运输工具以及其他与生产、经营有关的设备、器具、工具等。不属于生产经营主要设备的物品，单位价值在 2 000 元以上，并且使用年限超过 2 年的，也应当作为固定资产。固定资产是企业的劳动手段，也是企业生产经营的主要资产。从会计的角度划分，固定资产一般被分为生产用固定资产、非生产用固定资产、租出固定资产、未使用固定资产、不需用固定资产、融资租赁固定资产、接受捐赠固定资产等。

3. 基本建设的内容

基本建设项目的内容构成包括以下几方面：

①建筑安装工程。

建筑安装工程包括各种土木建筑、矿井开凿、水利工程建筑、生产、动力、运输、实验等各种需要安装的机械设备的装配，以及与设备相连的工作台等装设工程。

②设备购置。

设备购置即购置设备、工具和器具等。按照设计文件规定，对用于生产或服务于生产而又达到固定资产标准的设备、工器具加工订购和采购。按我国财政部有关文件规定，固定资产的标准为：使用年限在 1 年以上，单位价值在 1 000 元、1 500 元和 2 000 元（指小、中、大型企业）以上的设备、工器具，均构成固定资产；但新建和扩建项目所购置或自制的全部设备、工具、器具，不论是否达到固定资产标准，均计入设备、工器具购置投资中。

③勘察、设计、科学研究实验、征地、拆迁、试运转、生产职工培训和建设单位管理工作等。

4. 基本建设的程序

按照基本建设的技术经济特点及其规律性，规定基本建设程序主要包括九项步骤。这些步骤的顺序不能任意颠倒，但可以合理交叉。这些步骤的先后顺序是：

(1) 编制项目建议书

对建设项目的必要性和可行性进行初步研究，提出拟建项目的轮廓设想。

(2) 开展可行性研究和编制设计任务书

具体论证和评价项目在技术和经济上是否可行，并对不同方案进行分析比较；可行性研究报告作为设计任务书（也称计划任务书）的附件。设计任务书对是否上这个项目，采取什么方案，选择什么建设地点，做出决策。

(3) 进行设计

从技术和经济上对拟建工程做出详尽规划。大中型项目一般采用两段设计，即初步设计与施工图设计。技术复杂的项目，可增加技术设计，按三个阶段进行。

(4) 安排计划（建设准备）

可行性研究和初步设计，送请有条件的工程咨询机构评估，经认可，报计划部门，经过综合平衡，列入年度基本建设计划。

(5) 进行施工准备

包括征地拆迁，搞好“三通一平”（通水、通电、通道路、平整土地），落实施工力量，组织物资订货和供应，以及其他各项准备工作。

(6) 组织施工

准备工作就绪后，提出开工报告，经过批准，即开工兴建；遵循施工程序，按照设计要求和施工技术验收规范，进行施工安装。

(7) 生产准备

生产性建设项目开始施工后，及时组织专门力量，有计划、有步骤地开展生产准备工作。

(8) 验收投产

按照规定的标准和程序，对竣工工程进行验收（见《基本建设工程竣工验收》），编制竣工验收报告和竣工决算（见《基本建设工程竣工决算》），并办理固定资产交付生产使用的手续。小型建设项目，建设程序可以简化。

(9) 项目后评价

项目完工后对整个项目的造价、工期、质量、安全等指标进行分析评价或与类似项目进行对比。

基本建设的程序如图1.1所示。

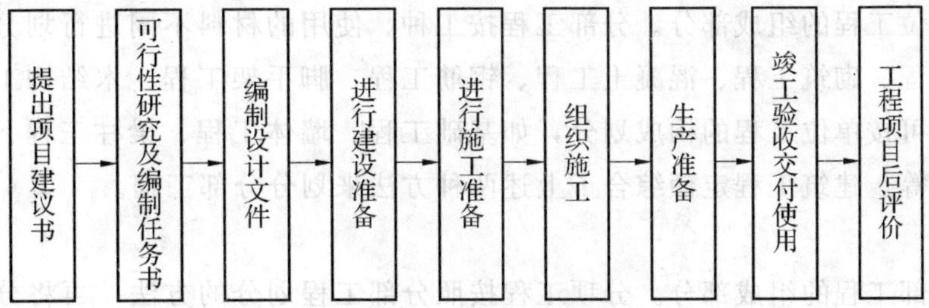

图1.1 基本建设的程序

5. 基本建设项目的划分

基本建设项目按照合理确定工程造价和基本建设管理工作的要求，划分为建设项目、单项工程、单位工程、分部工程、分项工程五个层次（图 1.2）。

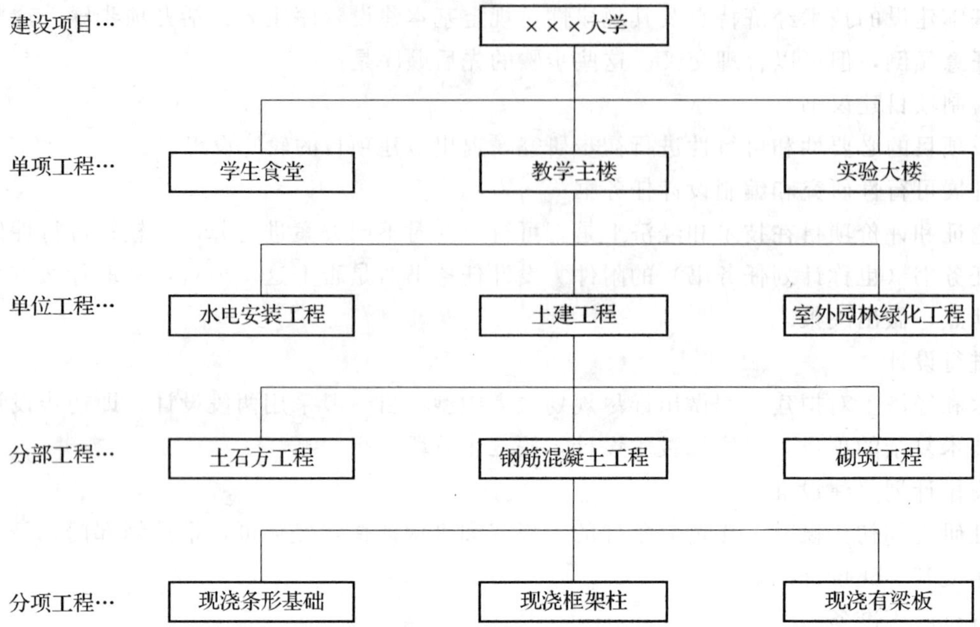

图 1.2　基本建设项目的划分

（1）建设项目

建设项目是指按一个总体设计进行建设施工的一个或几个单项工程总体。不能把不属于一个总体设计内的工程，按各种方式结算作为一个建设项目，也不能把同一个总体设计内的工程，按地区或施工单位分为几个建设项目。在我国，通常以建设一个企业单位或一个独立工程作为一个建设项目。

（2）单项工程

单项工程又称为工程项目，它是建设项目的组成部分，是指具有独立的设计文件，竣工后可以独立发挥生产能力或使用效益的工程。如一个大学校园的学生公寓、教学楼、实验楼等。

（3）单位工程

单位工程是单项工程的组成部分。单位工程是指具有独立的设计文件，能单独施工，但建成后不能独立发挥生产能力或使用效益的工程。如一个生产车间的土建工程、电气照明工程、给排水工程、机械设备安装工程、电气设备安装工程，它们都是生产车间这个单项工程的组成部分。

（4）分部工程

分部工程是单位工程的组成部分。分部工程按工种、使用的材料不同进行划分。土建单位工程划分为：土石方工程、砌筑工程、混凝土工程、钢筋工程、脚手架工程、木结构工程、金属结构工程等。分部工程也可按单位工程的构成划分，如基础工程、墙体工程、梁柱工程、楼地面工程、门窗工程、屋面工程等。建筑工程定额综合了上述两种方法来划分分部工程。

（5）分项工程

分项工程是分部工程的组成部分。分项工程按照分部工程划分的方法，再将分部工程划分为若干个分项工程。例如，基础工程可划分为挖基槽、基础垫层、基础砌筑、基础防潮层、基槽土方回填等分项工程。分项工程是建筑工程的基本要素。

1.1.3 建筑工程计价文件分类及相关知识点

基本建设计价文件是指建筑工程概预算按项目所处的建设阶段划分的确定工程造价的文件，主要是投资估算、设计概算和施工图预算等（表 1.1）。

表 1.1 建筑工程计价文件分类

类别	编制阶段	编制单位	编制依据	用途
投资估算	可行性研究	工程咨询机构	投资估算指标	投资决策
设计概算	初步设计或扩大初步设计	设计单位	概算定额	控制投资及造价
施工图预算	工程承发包	建设单位委托的工程咨询机构和施工单位	预算定额	编制标底、投标报价、确定工程合同价
施工预算	施工阶段	施工单位	施工定额	企业内部成本、施工进度控制
竣工结算	竣工验收前	施工单位	预算定额、设计及施工变更资料	确定工程项目建造价格
竣工决算	竣工验收后	建设单位	预算定额、工程建设其他费用定额、竣工结算资料	确定工程项目实际投资

1. 投资估算

投资估算是指在可行性研究阶段对建设工程预期造价所进行的优化、计算、核定及相应文件的编制。一般可按规定的投资估算指标、类似工程的造价资料、现行的设备材料价格并结合工程实际情况进行投资估算。投资估算是判断项目可行性和进行项目决策的重要依据之一，并可作为工程造价的目标限额，为以后编制概预算做好准备。

2. 设计概算

设计概算造价也称为概算造价，是在建筑工程设计阶段，根据施工图、概算定额（或概算指标）和费用定额计算的拟建工程所发生的建造费用。

3. 施工图预算

施工图预算造价也称为预算造价，是工程施工前由业主或承包商根据施工图、预算定额、费用定额和有关施工条件计算的拟建工程的建造费用。

4. 招标控制价

招标控制价也称为拦标价，由招标人根据国家或省级、行业建设主管部门分发的有关计价依据和办法，按设计施工图计算的，对招标工程限定的最高工程造价。招标控制价的目的是最大限度地保护招标人的利益，对招标人节约资金提供最基本的保障；增强招标投标活动的透明度，保证中标价的可控性和公平性；最大限度地杜绝围标、串标、哄抬中标价等违规行为。

5. 投标报价

投标报价是在工程采用招标发包的过程中，由投标人按照招标文件的要求，根据工程特点，并结合自身的施工技术、装备和管理水平，依据有关计价规定，自主确定的工程造价，是投标人希望达成工程承包交易的期望价格，原则上不能高于招标人设定的招标控制价。

6. 合同价

合同价是工程发包、承包交易完成后，由发包、承包双方以合同形式确定的工程承包交易价格。采用招标发包的工程，其合同价应为投标人的中标价，也即投标人的投标报价。

7. 结算价

结算价是在承包人完成合同约定的全部工程承包内容，发包人依法组织竣工验收，并验收合格后，由发包人、承包人根据国家有关法律、法规和《建设工程工程量清单计价规范》的规定，按照合同约定的工程造价确定条款、合同价款调整内容以及索赔和现场签证等事项确定的最终工程造价。

1.1.4 建筑工程计价的特点

建设工程造价，一般是指进行某项工程建设所花费（指预期花费或实际花费）的全部费用，即该建设项目（工程项目）有计划地进行固定资产再生产和形成相应的无形资产和铺底流动资金的一次性费用总和。基本建设是一项特殊的生产活动，它区别于一般工农业生产，具有周期长、物耗大；涉及面广和协作性强；建设地点固定，水文地质条件各异；生产过程单一性强，不能批量生产等特点。建设工程产品的这种特点和工程建设内部生产关系的特殊性，决定了工程产品造价不同于一般工农业产品的计价特点。

1. 单件性计价

由于每个建设工程项目都有特定的目的和用途，就会有不同的结构、造型和装饰，产生不同的建筑面积和体积，建设施工时还可采用不同的工艺设备、建筑材料和施工工艺方案。因此，每个建设项目一般只能单独设计、单独建设。即使是相同用途和相同规模的同类建设项目，由于技术水平、建筑等级和建筑标准的差别，以及地区条件和自然环境与风俗习惯的不同也会有很大区别，最终导致工程造价的千差万别。因此，对于建设工程既不能像工业产品那样按品种、规格和质量成批定价而只能是单件计价，也不能由国家、地方、企业规定统一的造价而只能按各个项目规定的建设程序计算工程造价。建筑产品的个体差别性决定了每项工程都必须单独计算造价。

2. 多次性计价

建设工程的生产过程是一个周期长、规模大、造价高、物质消耗多的投资生产活动，必须按照规定的建设程序分阶段进行建设，才能按时、保质、有效地完成建设项目。为了适应项目管理的要求，适应工程造价控制和管理的要求，需要按照建设程序中各个规划设计和建设阶段多次性进行计价。从投资估算、设计概算、施工图预算等预期造价到承包合同价、结算价和最后的竣工决算价等实际造价，是一个由粗到细，由浅入深，最后确定建设工程实际造价的整个计价过程。这是一个逐步深化、逐步细化和逐步接近实际造价的过程。

3. 按工程构成的分部组合计价

工程造价的计算是分部组合而成的，这一特征和建设项目的组合性有关。按照国家规定，工程建设项目根据投资规模大小可划分为大、中、小型项目，而每一个建设项目又可按其生产能力和工程效益的发挥以及设计施工范围逐级大小分解为单项工程、单位工程、分部工程和分项工程。建设项目的组合性决定了工程造价计价的过程是一个逐步组合的过程。在确定工程建设项目的设计概算和施工图预算时，则需按工程构成的分部组合由下而上地计价，就是要先计算各单位工程的概（预）算，再计算各单项工程的综合概（预）算，再汇总成建设项目的总概（预）算。这就是对工程建设项目由大到小进行逐级分解，再按其构成的分部由小到大逐步组合计算出总的项目工程造价。其计算过程和计算顺序是：分部分项工程单价→单位工程造价→单项工程造价→建设项目总造价。

1.2 建筑工程计价模式

1.2.1 定额计价模式

1. 定额计价

定额计价是我国传统的计价模式，在招投标时，不论是投标限价还是投标报价，其招标人和投标人都需要按国家规定的统一工程量计算规则计算工程量，然后按建设行政主管部门颁发的预算定额计算人工费、材料费和机械费，再按有关费用标准计取其他费用，最后汇总得到工程造价。其整个计价过程中的计价依据是“定额”。定额是计划经济的产物，在特定的历史条件下，起到了确定和衡量工程造价标准的作用，规范了建筑市场。但定额指令性强，固化了企业的技术装备、施工方法、管理水平等，不利于企业整体素质的提升，不适应建筑市场竞争。

定额计价方式主要通过编制施工图预算来确定工程造价。

(1) 施工图预算的概念

施工图预算是根据报审通过的施工图设计、预算定额和单位计价表、施工组织设计文件以及各种费用定额等有关资料进行计算和编制的单位工程预算文件，是确定建筑工程造价的技术经济性文件。施工图预算一般由设计和施工单位在施工图设计阶段、施工招标投标阶段编制。

(2) 施工图预算的组成要素

①工程量：工程量是指依据施工图、预算定额、工程量计算规则计算出来的拟建工程的实物数量。

②人工、材料、机械台班消耗量：人工、材料、机械台班消耗量是指根据分项工程量乘以预算定额子目的定额消耗量汇总而成的数量。

③直接费：直接费是指工程量乘以定额基价后汇总而成的费用。直接费是该工程人工、材料、机械实物消耗量的货币体现。

④工程费：工程费包括间接费、利润和税金。间接费和利润一般根据工程直接费或人工费分别乘以不同的费率计算；税金根据直接费、间接费、利润之和，乘以费率计算。直接费、间接费、利润、税金之和构成工程预算造价。

(3) 编制施工图预算的一般步骤

①根据施工图和预算定额计算规则计算工程量。

②根据工程量和预算定额分析人工、材料、机械消耗量。

③根据工程量和预算定额基价计算直接费。

④根据直接费或人工费和间接费费率计算间接费。

⑤根据直接费或人工费和利润率计算利润。

⑥根据直接费、间接费、利润之和计算税金。

⑦将直接费、间接费、利润、税金汇总为工程预算造价。

2. 定额计价原理

定额计价原理是指采用预算定额，通过编制施工图预算的方法确定工程造价的基本理论。施工图预算费用构成如图 1.3 所示。

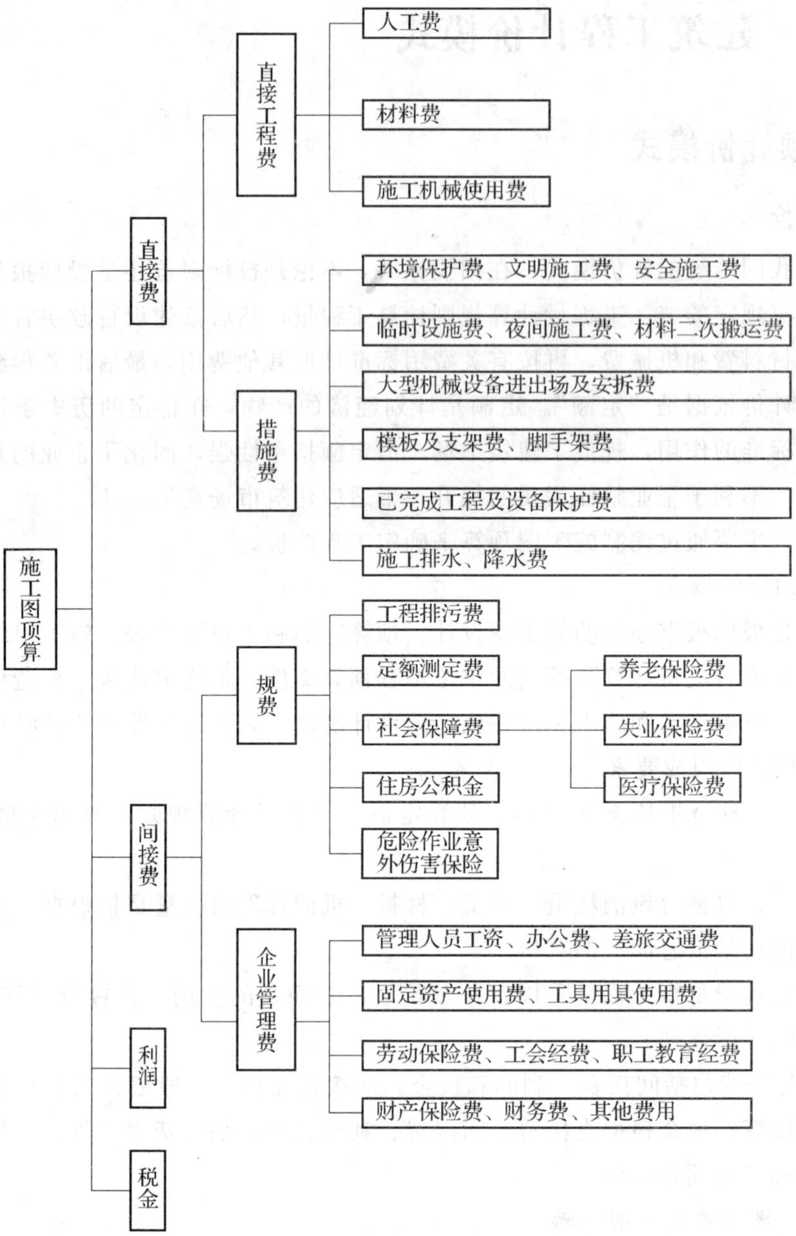

图 1.3　施工图预算费用构成图

(1) 建筑产品的特性

建筑产品具有产品生产的单件性、建设地点的固定性、施工生产的流动性等特性。这些特性决定了建筑产品只有通过编制施工图预算来确定工程造价。

①单件性：单件性是指每个建筑产品都具有特定的功能和用途，即在建筑产品的功能、造型、结构形式、尺寸、设备配置和内外装修等方面都有不同的具体要求，在实物形态上千差万别，因此在实践中没有完全相同的建筑产品。

②固定性：固定性是指建筑产品的生产和使用必须固定在某个具体的地点，不能随意移动。固定性使得建筑物的结构形式和造型受当地气候、地质、水文、地形地貌等因素的制约，使得功能相同的建筑物在实物形态上差别仍然很大，因此，每个建筑产品的工程造价各不相同。

③流动性：固定性是生产施工流动性的根本原因，施工队伍随着不同的建筑工地而流动。由于每个建设地点不同，资源条件、施工环境、工资水平都不相同，所以建筑产品的流动性直接影响工

程造价。

（2）确定施工图预算工程造价的方法

①单位估价法：单位估价法是根据施工图和预算定额，通过计算分项工程量、分项直接费，将分项直接费汇总成单位工程直接费后，再根据措施费费率、利润率、税率分别计算出各项费用和税金，汇总成单位工程造价。

②实物金额法：当预算定额中只有人工、材料、机械台班消耗量，而没有定额基价的货币量时，可以采用实物金额法计算工程造价。实物金额法的基本步骤是：先计算出分项工程的人工、材料、机械台班消耗量，然后汇总成单位工程的人工、材料、机械台班消耗量，再将这些消耗量分别乘以各自的单价，最后汇总成单位工程直接费。后面各项费用的计算方法同单位估价法。其数学模型为：工程造价＝直接费＋间接费＋利润＋税金。

③分项工程完全单价法：分项工程完全单价法以分项工程为对象计算工程造价，再将分项工程造价汇总成单位工程造价。完全单价法在形式上类似工程量清单计价法，但又有本质上的区别。

（3）编制施工图预算的步骤与方法

①施工图预算编制的依据。

a. 施工图

施工图是计算工程量和套用定额的依据。除了施工图外，通常还包括标准施工图、图纸会审纪要和变更等资料。

b. 施工组织设计或施工方案

施工组织设计或施工方案是施工单位根据工程特点、企业管理和装备条件、现场条件等编制，用于确定施工方案、安排施工进度和现场布置，是在编制施工图预算过程中编制的。施工组织设计或施工方案是计算工程量和套用定额时，确定土方类型、基础工作面大小、构件运输距离及运输方式等的依据。

c. 预算定额

预算定额是确定分项工程项目、计量单位，计算分项工程量、分项工程直接费和人工、材料、机械台班消耗量的依据。

d. 地区材料预算价格

地区材料预算价格或材料指导价是计算材料和调整材料差价的依据。

e. 费用定额和税率

费用定额包括措施费、间接费、利润和税金的计算基础和费率、税率的规定。

f. 施工合同

施工合同是确定收取哪些费用、收取金额的依据。

②施工图预算编制的内容。

a. 列出分项工程项目（列项）。

b. 计算工程量。

c. 套用预算定额及定额基价换算。

d. 工料分析及汇总。

e. 计算直接费。

f. 材料价差调整。

g. 计算间接费。

h. 计算利润。

i. 计算税金。

j. 汇总为工程造价。

③施工图预算编制的程序。按单位估价法编制施工图预算的程序如图 1.4 所示。

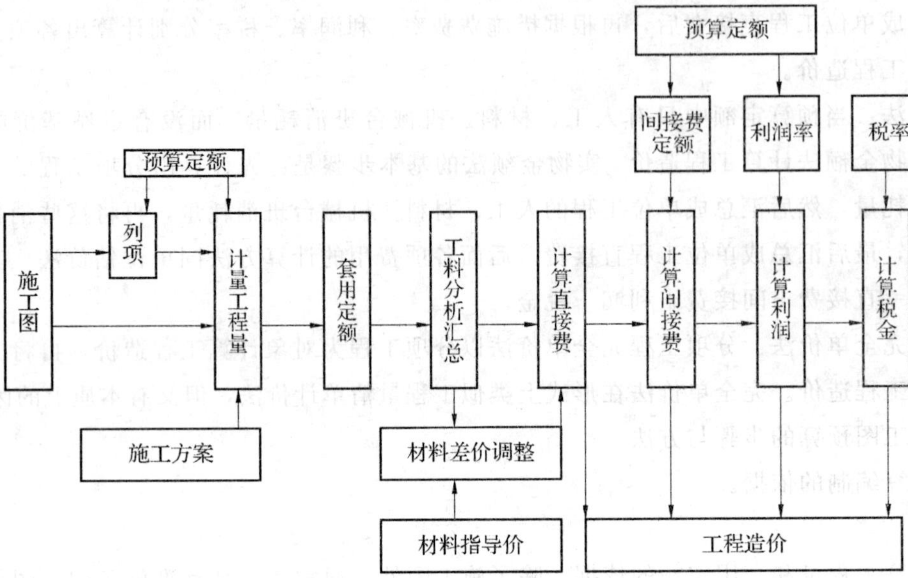

图 1.4　施工图预算编制程序

3. 建筑工程定额编制

(1) 定额编制方法

①技术测定法：技术测定法也称为计时观察法，它是一种科学编制定额的方法，主要适用于测定定时重复循环工作的工时消耗，是精确度比较高的一种计时观察法。该方法通过对施工过程的具体活动进行实地观察，详细记录工人和施工机械的工作时间消耗，测定完成产品的数量和影响因素，将观察记录进行整理分析和研究，运用一定的计算方法编制出定额的基础数据。通常用的技术测定法分为三种：测时法、写实法和工作日写实法。工作日写实法是我国采用较广泛的编制定额的一种方法，运用工作日写实法主要有两个目的：一是取得编制定额的基础资料；二是检查定额的执行情况，找出缺点，改进工作。与前两种测定法相比，工作日写实法具有技术简便、费力少、应用面广和资料全面的优点。

②经验估计法：经验估计法是根据现场专业技术人员、施工员和定额测定人员的经验，对完成产品的某项工作所需的人工、材料、机械台班数量进行分析、讨论、估算，确定消耗量的一种方法。经验估计法简单、工作量小，但精度相对较低。

③统计计算法：统计计算法是运用以往统计资料整理编制定额的一种方法。统计计算法较简单，资料来源方便，但资料本身存在各种不合理的因素，所以这种方法确定的消耗量不能准确反映定额水平。

④比较类推法：比较类推法也称为典型定额法，是将同类型的定额子目进行代表性选择，用技术测定的方法确定人工、材料、机械的消耗量，根据测定的定额子目用比较类推的方法编制其他相关的定额。这种方法简单，有一定的准确性，由于是类推的手段，所以具有一定的局限性。

(2) 定额编制原则

定额是确定一定计量单位的分项工程或构件的人工、材料、机械台班消耗量的数量标准，因此其编制必须遵照以下原则：

①按社会必要劳动时间确定定额水平。在市场经济条件下，定额作为确定建设产品价格的工

具，应遵照价值规律的要求，按产品生产过程中所消耗的必要劳动时间确定定额水平。按照社会必要劳动时间确定定额水平，要注意反映大多数企业的水平，在现实的中等生产条件下、平均劳动熟练程度和平均劳动强度下，完成单位工程基本要素所需要的劳动时间，是确定定额的主要依据。

②简明适用，严谨准确。定额项目的划分要做到简明扼要，使用方便，同时要求结构严谨，层次清楚，各种指标要尽量固定，减少换算，避免执行中的争议。

【例 1.1】 140 m^3 二砖混水外墙，由 11 人砌筑小组负责施工，产量定额为 0.862 m^3/工日，试计算其施工天数。

解 计算小组每工日完成的工程量：

$$工程量=11\times 0.862\ m^3/工日=9.48\ (m^3/工日)$$

计算施工天数：

$$施工天数=140\ m^3/(9.48\ m^3/工日)=14.77\ (工日)\ (取整数约等于15工日)$$

即该混水外墙需15天完成。

4. 常用材料用量计算

$$1\ m^3\ 砌体(块)砌块净用量=\frac{1\ m^3\ 砌体}{墙厚\times(砌块长+灰缝)\times(砌块厚+灰缝)}$$

$$1\ m^3\ 砌体(块)砂浆净用量=\frac{1\ m^3\ 砌体-砌体净数量\times 砌块的单位体积}{1-耗损率}$$

【例 1.2】 某办公室地面净面积 100 m^2，拟粘贴 300 mm×300 mm 的地砖（灰缝 2 mm），试计算定额用量（地砖损耗率按 2%计算）。

解 $$地砖的净用量=\frac{地面面积}{(地砖长+灰缝)\times(地转厚+灰缝)}$$

$$=\frac{100}{(0.3+0.002)\times(0.3+0.002)}=1\ 097\ (块)$$

$$地砖定额用量=\frac{地砖净用量}{1-损耗率}=\frac{1\ 097}{1-2\%}=1\ 120\ (块)$$

预制构件模板摊销量计算：周转性材料指的是在施工中不是一次性消耗掉的材料，而是多次使用、逐渐消耗、不断补充的周转工具性材料，计算消耗量时应按多次使用、分次摊销的办法确定，即周转性材料在材料消耗定额中，以摊销量表示。

$$模板一次使用量=\frac{每立方米构件的模板接触面积\times 每平方米接触面积的模板净用量}{1-损耗率}$$

$$模板摊销量=\frac{一次使用量}{周转次数}$$

一次使用量是指完成定额计量单位产品的生产，在不重复使用前提下的一次用量。相当于实体性消耗材料中的材料用量，通常按照施工图样根据施工组织设计来计算。

【例 1.3】 按某施工图计算一层现浇混凝土柱，每立方米构件的模板接触面积为 10.16 m^2，每平方米接触面积的模板净用量为 0.095 m，模板损耗率为 5%，模板周转使用28 次，试计算模板摊销量。

解 $$模板一次使用量=10.16\times 0.095\times\frac{1}{1-5\%}=1.016\ (m^3)$$

$$模板摊销量=\frac{1.016}{28}=0.036\ (m^3/次)$$

5. 定额编制的步骤

(1) 编制定额的准备阶段

①成立预算定额领导小组和专业工作小组。

②选择定额编制方案，提出基本要求，确定定额编制原则、适用范围，确定定额项目划分及定额表格形式。

③调查研究，收集编制依据，获取资料。

(2) 编制初稿阶段

①分析研究收集的各种资料。

②按照编制方案中项目划分的要求和选定的工程施工图计算工程量。

③根据计算的各消耗量指标和编制依据，计算分项工程中的人工、材料、机械消耗量，填入相应表格，测算定额水平，汇总编制定额初稿。

(3) 修正和定稿阶段组织相关部门和单位讨论定额初稿，将征集到的意见交编制专业小组修改定稿，提交编写说明，送审批机关审批。

6. 定额消耗量指标的确定

定额项目计量单位确定与定额的准确性、简明性有密切关系。确定定额项目计量单位的一般要求为：

①凡物体的长、宽、高三个度量都在发生变化时，应采用 m 为计量单位。

②当物体有固定的厚度，而长、宽两个度量都在发生变化时，应采用 m 为计量单位。

③如物体截面形状大小固定，但长度不固定时，应以延长米为计量单位。

④有的项目体积、面积变化不大，但质量和价格差异较大，应当以质量单位为计量单位。

⑤有的项目可以用“个”“组”“座”“套”等自然计量单位。

⑥建筑工程预算定额的计量单位均按公制执行：长度采用 mm、cm、m 和 km，面积采用 mm^2、cm^2、m^2，体积采用 m^3，质量采用 kg、t 。

7. 定额项目单位及其小数的取定

①人工以“工日”为单位取两位小数。

②主要材料及成品、半成品中的木材以 m 为单位，取 3 位小数。

③钢材和钢筋以 t 为单位，取 3 位小数。

④水泥和石灰以 kg 为单位，取整数。

⑤砂浆和混凝土以 m^3 为单位，取 2 位小数。

⑥其余材料一般取 2 位小数。

⑦单价以“元”为单位，取 2 位小数。

⑧其他材料费以“元”为单位，取 2 位小数。

⑨施工机械以“台班”为单位，取 2 位小数。

⑩数字计算过程中取 3 位小数，计算结果四舍五入，保留 2 位小数。

1.2.2 清单计价模式

1. 工程量清单计价模式的概念

工程量清单计价模式，是在建设工程招投标中，招标人或委托具有资质的中介机构编制工程量清单，并作为招标文件中的一部分提供给投标人，由投标人依据工程量清单自主报价的计价方式。在工程招投标中采用工程量清单计价是国际上较为通行的做法。

2. 工程量清单计价的方法

(1) 工程量清单

工程量清单是表现拟建工程的分部分项工程项目、措施项目、其他项目名称和相应数量的明细清单，由招标人按照《建设工程工程量清单计价规范》附录中统一的项目编码、项目名称、计量单位和工程量计算规则进行编制，包括分部分项工程量清单、措施项目清单和其他项目清单。

(2) 工程量清单计价

①概述。

工程量清单计价是指投标人完成由投标人提供的工程量清单所需的全部费用，包括分部分项工程费、措施项目费、其他项目费、规费和税金。

工程量清单计价应采用综合单价，即分部分项工程费、措施项目费、其他项目费中的各项目的单价应为综合单价。

综合单价包括：人工费、材料费、机械使用费、企业管理费、利润并考虑风险因素。风险因素包括在施工期限内的人工单价、材料价格、机械台班单价的涨价等因素。

②综合单价的特点。

a. 各项平均消耗要比社会平均水平高，体现其先进性。

b. 可体现本企业在某些方面的技术优势。

c. 可体现本企业局部或全面管理方面的优势。

d. 所有的单价都应是动态的，具有市场性，而且与施工方案能全面接轨。

③ 综合单价的制定。

从综合单价的特点可以看出，企业综合单价的产生并不是一件容易的事。企业综合单价形成和发展要经历由不成熟到成熟、由实践到理论的多次反复滚动的积累过程。在这个过程中，企业的生产技术在不断发展，管理水平和管理体制也在不断更新。企业定额的制定过程，是一个快速互动的内部自我完善过程。编制企业定额，除了要有充分的资料积累外，还必须运用计算机等科学的手段和先进的管理思想作为指导。

目前，由于大多数施工企业还未能形成自己的企业定额，在制定综合单价时，多是参考地区定额内各相应子目的工料消耗量，乘以自己在支付人工、购买材料、使用机械和消耗能源方面的市场单价，再加上由地区定额按企业类别或工程类别（或承包方式）制定的综合管理费率和利润率，并考虑一定的风险因素。相当于把一个工程按清单内的细目划分变成一个个独立的工程项目去套用定额，其实质仍沿用了定额计价模式去处理，只不过表现形式不同而已。

综合单价的计算如下：

$$\text{分部分项工程量清单项目综合单价} = \frac{\sum(\text{清单项目组价内容工程量} \times \text{相应综合单价})}{\text{清单项目工程数量}} \tag{1}$$

式中，清单项目组价内容工程量是指根据清单项目提供的施工过程和施工图设计文件确定的计价定额分项工程量，投标人使用的计价定额不同，这些分项工程的项目和数量可能是不同的；相应综合单价是指与某一计价定额分项工程相对应的综合单价，它等于该分项工程的人工、材料、机械费总和加管理费、利润并考虑风险因素；清单项目工程数量是指工程量清单根据《建设工程工程量清单计价规范》附录中的工程量计算规则、计量单位确定的“综合实体”的数量。

例：清单项目组价内容工程量为 B，清单项目工程数量为 A，相应综合单价写成“人工费＋材料费＋机械使用费＋企业管理费＋利润”，代入式 (1) 得

$$\begin{aligned}\text{清单项目综合单价} = {} & \sum[(B \div A) \times \text{人工费} + (B \div A) \times \text{材料费} + (B \div A) \times \text{机械使用费} + \\ & (B \div A) \times \text{管理费} + (B \div A) \times \text{利润}]\end{aligned} \tag{2}$$

式中，管理费是指应分摊到某一计价定额分项工程中的企业管理费，可以参考建设行政主管部门颁

布的费用定额来确定；利润是指某一分项工程应收取的利润，可以参考建设行政主管部门颁布的费用定额来确定。

3. 工程量清单计价方法的特点

与在招投标过程中采用定额计价法相比，采用工程量清单计价方法具有如下特点：

(1) 提供了一个平等的竞争条件

采用施工图预算来投标报价，由于设计图纸的缺陷，不同投标企业的人员理解不一，计算出的工程量也不同，报价数额差距较大，容易产生纠纷。而工程量清单报价可以为投标者提供一个平等竞争的条件，相同的工程量，由企业根据自身的实力来填不同的单价，符合商品交换的一般性原则。

(2) 满足竞争的需要

工程量清单计价让企业自主报价。将属于企业性质的施工方法、施工措施和人工、材料、机械的消耗量水平、取费等留给企业来确定。投标人根据招标人给出的工程量清单，结合自身的生产效率、消耗水平和管理能力与已储备的本企业报价资料，确定综合单价进行投标报价。报高了中不了标，报低了又没有利润，这时候就体现出了企业技术、管理水平的需要，形成了企业整体实力的竞争。

(3) 有利于工程款的拨付和工程造价的最终确定

中标后，业主要与中标施工企业签订施工合同，在工程量清单报价基础上的中标价就成为合同价的基础，投标清单上的单价成为拨付工程款的依据。业主根据施工企业完成的工程量，可以很容易地确定进度款的拨付额；工程竣工后，再根据设计变更、工程量的增减乘以相应单价，业主也可以很容易地确定工程的最终造价。

(4) 有利于实现风险的合理分担

采用工程清单报价方式后，投标单位只对自己所报的成本、单价等负责，而对工程量的变更或计算错误等不负责任。相应的，对于这一部分风险则应由业主承担，这种格局符合风险合理分担与责任权关系对等的一般原则。

(5) 有利于业主对投资的控制

采用现在的施工图预算形式，业主对因设计变更、工程量的增减所引起的工程造价变化不敏感，往往等竣工结算时才知道这些对项目投资的影响有多大。而采用工程量清单计价的方式，在要进行设计变更时，能马上知道它对工程造价的影响，这样业主就能根据投资情况来决定是否变更或进行方案比较，以决定最恰当的处理方法。

由于“工程数量”是由招标人统一提供，增加了招投标市场的透明度，为投标企业提供了一个公平合理的基础环境，真正体现了建设工程交易市场的公平、公正。“工程价格”由投标人自主报价，即定额不再做为计价的唯一依据，政府不再做任何参与，而是由企业根据自身技术专长、材料采购渠道和管理水平等，制定企业自己的报价定额，自主报价。

1.2.3 清单计价与定额计价模式的区别与联系

1. 工程量清单计价与定额计价的区别

(1) 计价模式不同

主要表现在：

①费用构成形式不同。

清单计价模式下费用构成的数学模式为

工程造价＝分部分项工程费＋措施项目费＋其他项目费＋规费＋税金

定额计价模式下费用构成的数学模式为

工程造价＝直接费＋间接费＋利润＋税金

②计价依据不同。

清单计价模式下，计价依据是各投标单位所编制的企业定额和市场价格信息。

定额计价模式下，计价依据是各地区行政主管部门颁布的预算定额及费用定额。

③“量”“价”确定的方式方法不同。

清单计价模式下，招投标工作中，分部分项工程数量由招标人按照国家规定的统一工程量计算规则计算，并提供给各投标人，各投标单位在“量”一致的前提下，根据各企业的技术、管理水平的高低，材料、设备的进货渠道和市场价格信息，同时考虑竞争的需要，自主确定“单价”，且竞标过程中，合理低价中标。

定额计价模式下，招投标工作中，分部分项工程数量由各投标单位分别计算，相应的单价按统一规定的预算定额计取。

(2) 反映的成本价不同

工程量清单计价反映的是个别成本。各个投标人根据市场的人工、材料、机械价格行情、自身技术实力和管理水平投标报价，其价格具有多样性。

定额计价反映的是社会平均成本。各个投标人根据相同的预算价格及估价表投标报价，所报的价格基本相同，不能集中反映单位的真实实力。

(3) 风险承担人不同

工程量清单计价模式的工程承发包计价、定价，由投标人提供工程量清单，投标人自主报价，招标人承担提供“量”的风险，投标人承担报“价”的风险。

定额计价模式下承发包计价、定价，其风险承担人是由合同价的确定方式决定的。采用固定价合同，其风险由投标人承担；采用可调价合同，其风险由招、投标人共同承担。

(4) 项目名称划分不同

主要表现在：

①清单计价模式中项目名称按“工程实体”划分，而定额计价模式中项目名称按“分项工程”划分。

②清单计价模式中项目内不含有施工方法因素，而定额计价模式中含有。

③清单计价模式下，实体和项目措施相分离，而定额计价模式下，实体和措施项目相结合。

(5) 工程量计算规则有原则上的不同

清单计价模式中的工程量计算规则，所计算的工程数量是实体净量；而定额计价模式中的工程量计算规则计算的工程数量，是设计图纸中所表现的工程实际数量。

(6) 合同价形成过程不同

清单计价模式下合同价形成过程：得到招投标文件（包含工程量清单）→投标人自主报价→合理低标价中标→形成合同价。

定额计价模式下合同价形成过程：得到招投标文件→编制建筑工程计价文件（包括计算工程量、确定直接费、工料分析、计算材料价差、计算建筑安装工程造价）→投标报价→中标→形成合同价。

2. 工程量清单计价与定额计价的联系

(1) 工程量清单计价的依据《建设工程工程量清单计价规范》是在现行“全国统一建筑工程基础定额”的基础上通过综合和扩大编制而成的，其中的许多内容都进行了衔接。而定额计价的依据是各地区的“建筑工程预算定额”，都是在“全国统一建筑工程基础定额”的基础上编制的。

(2) 采用工程量清单计价模式，投标人自主报价时，建筑工程预算定额中的人工、材料、机械消耗量仍然可以作为投标人报价时的参考依据。

拓展与实训

能力训练：工作任务书

学生姓名		学号		学习小组编号
工作任务	分组讨论并采用思维导图的形式总结模块 1 的学习内容			
训练目的	完成对模块 1 建筑工程造价相关知识点及内容的掌握，对后续学习做好铺垫并打下基础。			
能力目标	完成对模块 1 工程计量与计价前的准备工作相关知识点的掌握			
原始资料	教材、网络资料			
训练任务	1. 分组讨论 2. 绘制思维导图 3. 小组代表对各组绘制的思维导图进行汇报及展示 4. 教师评分			
完成要求	1. 在规定时间内完成以上内容 2. 内容覆盖必须全面、完整			
训练步骤				
本次任务完成情况总结（由学生填写）				
教师评价				

备注：学习小组应在开学第一次课就划分好。每 8 人一组，组长可不固定，轮流当选。

模块 2 运用清单计价模式编制工程计价文件前的准备

【知识目标】

1. 掌握《建设工程工程量清单计价规范》的组成；
2. 熟练运用《建设工程工程量清单计价规范》（GB 50500—2013）进行工程量清单的编制；
3. 掌握《建设工程工程量清单计价规范》（GB 50500—2013）的组成及用途；
4. 了解工程量清单编制的基本概述；
5. 掌握工程量清单的编制方法。

【能力目标】

1. 具备编制工程量清单，进行工程量清单计价的能力；
2. 培养耐心细致、一丝不苟的工作作风和动手解决问题的能力。

2.1 《建设工程工程量清单计价规范》简介

2.1.1 《建设工程工程量清单计价规范》相关知识点

《建设工程工程量清单计价规范》(GB 50500—2013)(以下简称“计价规范”),包括正文和附录两部分,两者具有同等效力。

1. “计价规范”编制的指导思想

按政府宏观调控、市场竞争形成价格的要求,创造公平、公正、公开竞争的环境,建立全国统一的、有序的建筑市场,工程造价管理既要与国际惯例接轨,又要结合我国的实际。政府宏观调控:一是规定了全部使用国有资金或国有资金投资为主的大中型建设工程要严格执行“计价规范”的规定,与招标投标法规定的政府投资要进行公开招标是相适应的;二是规定了招标人在编制工程量清单时必须遵守的规则,做到四统一,即“统一项目编码、统一项目名称、统一计量单位、统一工程量计算规则”,为建立全国统一建筑市场和规范计价行为提供了依据;三是“计价规范”没有人工、材料、机械的消耗量,必然促使施工企业提高管理水平,引导施工企业编制企业定额,适应市场发展的需要。

由于“计价规范”不规定人工、材料、机械的消耗量,将属于企业的施工方法、施工措施、人工、材料、机械的消耗量水平、定价等交给企业来确定,为投标人报价提供了自主空间。投标人根据工程具体情况,结合自身的实力与市场价格信息,并考虑竞争需要,按照“计价规范”规定的原则和方法,运用报价策略进行投标报价。工程造价最终的确定,由承发包双方在市场竞争中按价值规律通过合同确定。

2. “计价规范”的编制原则

(1) 政府宏观调控,企业自主报价,市场竞争形成价格的原则。

(2) 与现行预算定额既有机结合又有区别的原则。

(3) 既考虑我国工程造价管理现状,又尽可能与国际惯例接轨的原则。

3. “计价规范”的特点

(1) 强制性

强制性主要表现在:一是由建设主管部门按照强制性国家标准的要求批准颁布,规定全部使用国有资金投资或国有资金投资为主的大中型建设工程应按计价规范规定执行;二是明确工程量清单是招标文件的组成部分,并规定了招标人在编制工程量清单时必须遵守的规则,做到统一项目编码、统一项目名称、统一计量单位、统一工程量计算规则。

(2) 实用性

实用性主要表现在:附录A、附录B、附录C、附录D、附录E中的项目名称表示的是工程实体项目,项目名称表示明确,工程量计算规则方法简洁,特别还列有项目特征和工程内容,便于清单编制人划分项目名称和准确计算工程量,也易于投标人投标报价。

(3) 竞争性

竞争性主要表现在:一是“计价规范”中没有确定人工、材料、机械的消耗量;二是将定价权交给了投标人。这样施工企业就可以根据企业自身的技术力量和管理水平,结合拥有的报价资料,自主报价,最后在竞争中按合理低价中标。

（4）通用性

通用性主要表现在：一是“计价规范”中规定了招标人在编制工程量清单时必须做到“四统一”，这样不同省市、不同地区和行业在工程施工招投标过程中，互相竞争时就有了统一标准，利于公平、公正竞争；二是“计价规范”编制的基本原则考虑了与国际惯例接轨，工程量清单计价是国际上通行的计价做法，“计价规范”的规定，符合工程量计算方法标准化、工程量计算规则统一化、工程造价确定市场化的要求。

4.“计价规范”的内容

“计价规范”主要包括总则、术语、工程量清单编制、工程量清单计价、工程量清单及其计价格式、附录等内容。

（1）总则

规定了“计价规范”制定的目的、依据、适用范围、工程量清单计价活动应遵循的基本原则及附录的工程范围。长期以来，我国建设工程发承包计价、定价以工程预算定额作为主要依据，随着市场经济的不断发展，这一计价方式存在着突出问题，例如，预算定额确定的消耗量不能体现企业的个别成本，建筑市场缺乏竞争力，预算定额约束了企业自主报价，不能实现合理低价中标，不能实现招投标双赢的目的，同时，为适应对外开放的建设市场，适应国际通行的计价方法，在认真总结了我国工程造价改革经验的基础上，研究和借鉴国外招投标实行工程量清单的做法，按照2009年建设部88号建标函的要求，在《建设工程工程量清单计价规范》（GB 50500—2008）基础上修订，并于2013年7月1日起实施。“13规范”的内容较“08规范”更加全面，涵盖了工程施工阶段从招标投标开始到工程竣工结算办理的全过程，包括工程量清单编制、招标控制价和投标报价的编制、发包合同签订时对合同价款的约定、施工过程中工程量的计量与价款支付、索赔工程与现场签证、工程价款的调整、工程竣工后竣工结算的办理以及工程计价的争议与处理等。因此，使工程施工过程中每一个计价阶段都有“规”可依、有“章”可循，按照“政府宏观调控、企业自主报价、市场形成价格、加强市场监管”的改革思路，更加有利于工程量清单的全面推行，更加有利于规范工程建设参与各方的计价行为，对建立公开、公平、公正的市场竞争秩序，推进和完善市场形成工程造价机制的建设将发挥重要作用。

①适用范围。

“计价规范”主要适用于建设工程招投标的工程量清单计价活动。计价规范包括了建筑工程、装饰工程、安装工程、市政工程、园林绿化工程和矿山工程。凡是建设工程招投标实行工程量清单计价，不论招标主体是政府机构、国有企事业单位、集体企业和私人资金都应遵守该规范，全部使用国有资金投资或国有资金投资为主的工程建设项目，都必须采用工程量清单计价。工程量清单计价活动包括：工程量清单编制、工程量清单控制价编制、工程量投标报价编制、工程合同价款约定、竣工结算的办理以及工程施工过程中工程量计量与工程价款支付、索赔与现场签证、工程价款的争议处理等活动。

②工程量清单计价活动的主体。

在建设工程计价活动中，工程造价人员实行执业资格制度，按照国家相关规定，造价员应在本人承担的工程造价业务文件上签字、加盖专用章，并承担相应的岗位责任。在工程计价活动中，工程量清单、招标控制价、投标报价、工程价款结算等所有的工程造价文件的编制与核对，以及施工过程中有关工程造价的工作，均应由有相应资格的工程造价专业人员承担。

③工程量清单计价活动应遵循的原则。

建设工程计价活动的结果既是工程建设投资的价值表现，同时又是工程建设交易活动的价值表现。因此，建设工程计价活动不仅要客观反映工程建设的投资，更应体现工程建设交易活动的公正、公平的原则，工程承发包双方，包括受委托承担工程造价咨询方均应以诚实、信用、公正、公平的原则进行工程建设计价活动。工程量清单计价活动是政策性、经济性、技术性很强的一项工作，要求参加此项工作的单位和工程造价人员应遵守相关的法律、法规和规范要求。

④附录。

附录A为建筑工程工程量清单项目及计算规则，适用于工业与民用建筑物和构筑物工程。附录B为装饰装修工程工程量清单项目及计算规则，适用于工业与民用建筑物和构筑物的装饰装修工程。附录C为安装工程工程量清单项目及计算规则，适用于工业与民用安装工程。附录D为市政工程工程量清单项目及计算规则，适用于城市市政建设工程。附录E为园林绿化工程工程量清单项目及计算规则，适用于园林绿化工程。附录F为矿山工程工程量清单项目及计算规则，适用于矿山工程。

附录中的详细内容是以表格形式表现的，其格式见表2.1。

表2.1　土方工程（编码：010101）

项目编码	项目名称	项目特征	计量单位	工程量计算规则	工程内容
010101001	平整场地	1. 土壤类别 2. 弃土运距 3. 取土运距	m^2	按设计图示尺寸以建筑物首层面积计算	1. 土方挖填 2. 场地找平 3. 运输

（2）术语

①工程量清单。工程量清单指建设工程的分部分项工程项目、措施项目、其他项目、规费项目和税金项目的名称和相应数量等的明细清单。

②项目编码。分部分项工程量清单项目名称的数字标识。

③项目特征。构成分部分项工程量清单项目、措施项目自身价值的本质特征。

④综合单价。完成一个规定计量单位的分部分项工程量清单项目或措施清单项目所需的人工费、材料费、施工机械使用费和企业管理费与利润，以及一定范围内的风险费用。

⑤措施项目。为完成工程项目施工，发生于该工程施工准备和施工过程中的技术、生活、安全、环境保护等方面的非工程实体项目。

⑥暂列金额。招标人在工程量清单中暂定并包括在合同价款中的一笔款项。用于施工合同签订时尚未确定或者不可预见的所需材料、设备、服务的采购，施工中可能发生的工程变更、合同约定调整因素出现时的工程价款调整以及发生的索赔、现场签证确认等的费用。

⑦暂估价。招标人在工程量清单中提供的用于支付必然发生但暂时不能确定价格的材料的单价以及专业工程的金额。

⑧计日工。在施工过程中，完成发包人提出的施工图纸以外的零星项目或工作，按合同中约定的综合单价计价。

⑨总承包服务费。总承包人为配合协调发包人进行的工程分包自行采购的设备、材料等进行管理、服务以及施工现场管理、竣工资料汇总整理等服务所需的费用。

⑩索赔。在合同履行过程中，对于非己方的过错而应由对方承担责任的情况造成的损失，向对方提出补偿的要求。

⑪现场签证。发包人现场代表与承包人现场代表就施工过程中涉及的责任事件所做的签认证明。

⑫企业定额。施工企业根据本企业的施工技术和管理水平而编制的人工、材料和施工机械台班

等的消耗标准。

⑬规费。根据省级政府或省级有关权力部门规定必须缴纳的，应计入建筑安装工程造价的费用。

⑭税金。国家税法规定的应计入建筑安装工程造价内的营业税、城市维护建设税以及教育费附加等。

⑮发包人。具有工程发包主体资格和支付工程价款能力的当事人以及取得该当事人资格的合法继承人。

⑯承包人。被发包人接受的具有工程施工承包主体资格的当事人以及取得该当事人资格的合法继承人。

⑰造价工程师。取得造价工程师注册证书，在一个单位注册从事建设工程造价活动的专业人员。

⑱造价员。取得全国建设工程造价员资格证书，在一个单位注册从事建设工程造价活动的专业人员。

⑲工程造价咨询人。取得工程造价咨询资质等级证书，接受委托从事建设工程造价咨询活动的企业。

⑳招标控制价。招标人根据国家或省级、行业建设主管部门颁发的有关计价依据和办法，按设计施工图纸计算的，对招标工程限定的最高工程造价。

㉑投标价。投标人投标时报出的工程造价。

㉒合同价。发承包人在施工合同中约定的工程造价。

㉓竣工结算价。发承包双方依据国家有关法律、法规和标准规定，按照合同约定的最终工程造价。

（3）工程量清单编制

工程量清单编制部分的内容主要包括工程量清单的编制主体，主体责任，工程清单的作用、组成及编制依据。

①编制主体。工程量清单应由具有编制能力的招标人或受其委托，具有相应资质的工程造价咨询人编制。

②主体责任。采用工程量清单方式招标，工程量清单必须作为招标文件的组成部分，其准确性和完整性由招标人负责。

③工程量清单的作用。工程量清单是工程量清单计价的基础，应作为标准招标控制价、投标报价、计算工程量、支付工程款、调整合同价款、办理竣工结算以及工程索赔等的依据之一。

④工程量清单的组成。工程量清单应由分部分项工程量清单、措施项目清单、其他项目清单、规费项目清单及税金项目清单组成。

⑤工程量清单的编制依据。

a. 招标文件的内容（或招标人的意图）。可以向工程量清单编制人提供建设工程的招标范围，划定计算工程量清单项目工程量的范围；清单编制人可以根据工程分包、材料供应情况和预留金额等条件，确定其他项目清单的项目内容；工程概况、工期和工程质量的要求，是确定合理施工方法的依据，是编制措施项目清单的基础。

b. 施工图设计文件。除施工图纸外，还包括选用的标准图集和通用图集。可以向工程量清单编制人提供。它是确定清单项目施工过程、撰写清单项目名称和项目特征的依据，也是考虑合理的施工方法，确定措施项目的依据。

c. 合理的施工方案。清单编制人根据工期要求、现场实际情况、常见的工程做法等为拟建工程设想的，认为是合理的施工方案，它是编制措施项目清单的依据。

d. 建设工程工程量清单计价规范，是编制工程量清单的依据，体现在“四个统一”，即项目编码、项目名称、计算规则、计量单位统一的原则；编制分部分项工程量清单、措施项目清单、其他项目清单的统一格式等。

(4) 工程量清单计价

①工程量清单计价。工程量清单计价规定了从招标控制价的编制、投标报价、合同价款约定、工程计量与价款支付、索赔与现场签证、工程价款调整到工程竣工结算办理及工程造价计价争议处理等的全部内容。工程量清单计价由分部分项工程费、措施项目费、其他项目费、规费和税金组成。工程量清单计价的分部分项工程费，应采用综合单价计算。措施项目清单计价应根据拟建工程的施工组织设计，计算工程量的措施项目，按分部分项工程量清单的方式采用综合单价计价；其余的措施项目可以“项”为单位的方式计价，应包括除规费、税金外的全部费用。措施项目清单中的安全文明施工费应按照国家或省级、行业建设主管部门的规定计价，不得作为竞争性费用。

②清单工程量。确定招标文件中的工程量是招标人根据拟建工程设计文件预计的工程量，不能作为承包人履行合同义务中应予完成的实际和准确工程量，招标文件中工程量清单所列的工程量一方面是各投标人投标报价的共同基础，另一方面也是对各投标人的投标报价进行评审的共同平台，是招投标活动应遵循公开、公平、公正和诚实、信用原则的具体体现。发承包双方进行工程竣工结算的工程量应按发承包双方认可的实际完成工程量确定，而非招标文件中工程量清单所列的工程量。

③其他项目清单计价。招标人部分的金额可按估算金额确定；投标人部分的总承包服务费应根据招标人提出要求所发生的费用确定；零星工作项目费应根据“零星工作项目计价表”确定；零星工作项目的综合单价应参照本规范规定的综合单价组成填写。招标人在工程量清单中提供了暂估价的材料和专业工程属于依法必须招标的，由承包人和招标人共同通过招标确定材料单位与专业工程费分包单价，若材料不属于依法招标的，由发包人、总承包人与分包人按有关计价依据进行计价。规费和税金计价应按国家或省级、行业建设主管部门的规定计算，不得作为竞争性费用。

④工程风险的确定原则。采用工程量清单计价的工程，应在招标文件或合同中明确风险内容及其范围（幅度），不得采用无限风险、所有风险或类似语句规定风险内容及其范围（幅度）。

⑤招标控制价的确定。招标控制价的确定应根据招标文件中的工程量清单和有关要求、施工现场实际情况、合理的施工方法以及按照省、自治区、直辖市建设行政主管部门制定的有关工程造价计价办法进行编制。国有资金投资的工程建设项目应实行工程量清单招标，并应编制招标控制价。招标控制价超过批准的概算时，招标人应将其报原概算部门审核。投标人的投标报价高于招标控制价的，其投标应予以拒绝。招标控制价应由具有编制能力的招标人，或受其委托具有相应资质的工程造价咨询人编制。投标价的确定应根据招标文件中的工程量清单和有关要求、施工现场实际情况及拟定的施工方案或施工组织设计，依据企业定额和市场价格信息，或参照建设行政主管部门的社会平均消耗量定额进行编制。投标报价必须执行“计价规范”的强制性条文，投标价由投标人自主确定，但不得低于成本。

⑥工程计量与价款支付。工程计量与价款支付是发包人向承包人支付工程进度款的前提和依据。计量和付款周期可采用分段式或按月结算的方式。工程预付款的额度、支付时间、预付款在工程款中的抵扣以及违约责任都应在合同中约定。

⑦索赔与现场签证。索赔是合同双方依据合同约定维护自身合法权益的行为，它的性质属于经济补偿行为，而非惩罚。索赔的条件包括索赔理由、索赔的有效证据，在合同约定的时间内提出。

索赔必须按照程序办理，合同双方确认的索赔与现场签证费用与工程进度款同期支付。

⑧工程价款调整。合同中综合单价因工程量变更需要调整时，除合同另有规定外，应按以下办法确定：工程量清单漏项或设计变更引起新工程量清单项目，其相应综合单价由承包人提出，经发包人确认后作为结算依据。由于工程量清单的工程数量有误或设计变更引起工程量增减，属于合同约定幅度以内的，应执行原有的合同综合单价；属于合同约定幅度以外的，其增加部分的工程量或减少后剩余部分的工程量的综合单价由承包人提出，经发包人确认后，作为结算的依据。

⑨竣工结算。工程完工后，发包单位在工程竣工验收合格后，发承包双方应按合同约定时间内办理竣工结算。工程计价争议解决在工程计价中，对工程造价计价依据、办法以及相关政策规定发生争议事项的，由工程造价管理机构负责解释。

(5)“计价规范”用词说明

①表示很严格，非这样做不可的用词：正面词采用“必须”，反面词采用“严禁”。

②表示严格，在正常情况下均应这样做的用词：正面词采用“应”，反面词采用“不应”或“不得”。

③表示允许稍有选择或在条件许可时首先应这样做的用词：正面词采用“宜”，反面词采用“不宜”。表示有选择，在一定条件下可以这样做的，采用“可”。

2.1.2 工程量清单计价表格

1. 封面

(1) 工程量清单：封—1。

(2) 招标控制价：封—2。

(3) 投标总价：封—3。

(4) 竣工结算总价：封—4。

2. 总说明

表—01。

3. 汇总表

(1) 工程项目招标控制价/投标报价汇总表：表—02。

(2) 单项工程招标控制价/投标报价汇总表：表—03。

(3) 单位工程招标控制价/投标报价汇总表：表—04。

(4) 工程项目竣工结算汇总表：表—05。

(5) 单项工程竣工结算汇总表：表—06。

(6) 单位工程竣工结算汇总表：表—07。

4. 分部分项工程量清单表

(1) 分部分项工程量清单与计价表：表—08。

(2) 工程量清单综合单价分析表：表—09。

5. 措施项目清单表

(1) 措施项目清单与计价表（一）：表—10。

(2) 措施项目清单与计价表（二）：表—11。

6. 其他项目清单表

(1) 其他项目清单与计价汇总表：表—12。

(2) 暂列金额明细表：表—12—1。

(3) 材料暂估单价表：表—12—2。

(4) 专业工程暂估价表：表—12—3。

(5) 计日工表：表—12—4。

(6) 总承包服务费计价表：表—12—5。

(7) 索赔与现场签证计价汇总表：表—12—6。

(8) 费用索赔申请（核准）表：表—12—7。

(9) 现场签证表：表—12—8。

7. 规范、税金项目清单与计价表

表—13。

8. 工程款支付申请（核准）表

表—14。

计价表格使用如下规定：

(1) 工程量清单与计价宜采用统一格式。各省、自治区、直辖市建设行政主管部门和行业建设主管部门可根据本地区、本行业的实际情况，在本规范计价表格的基础上补充完善。

(2) 工程量清单的编制应符合下列规定：

①工程量清单编制使用表格包括：封—1、表—01、表—08、表—10、表—11、表—12（不含表—12—6～表—12—8）、表—13。

②封面应按规定的内容填写、签字、盖章，造价员编制的工程量清单应由负责审核的造价工程师签字、盖章。

③总说明应按下列内容填写。工程概况：建设规模、工程特征、计划工期、施工现场实际情况、自然地理条件、环境保护要求等。工程招标和分包范围。工程量清单编制依据。工程质量、材料、施工等的特殊要求。其他需要说明的问题。

(3) 招标控制价、投标报价、竣工结算的编制应符合下列规定。

①使用表格。招标控制价使用表格包括：封—2、表—01、表—02、表—03、表—04、表—08、表—09、表—10、表—11、表—12（不含表—12—6～表—12—8）、表—13。

②投标报价使用的表格包括：封—3、表—01、表—02、表—03、表—04、表—08、表—09、表—10、表—11、表—12（不含表—12—6～表—12—8）、表—13。

③竣工结算使用的表格包括：封—4、表—01、表—05、表—06、表—07、表—08、表—09、表—10、表—11、表—12、表—13、表—14。

(4) 封面应按规定的内容填写、签字、盖章，除承包人自行编制的投标报价和竣工结算外，受委托编制的招标控制价、投标报价、竣工结算若为造价员编制的，应由负责审核的造价工程师签字、盖章以及工程造价咨询人盖章。

(5) 投标人应按照招标文件的要求，附工程量清单综合单价分析表。

(6) 工程量清单与计价表中列明的所有需要填写的单价和合价，投标人均应填写，未填写单价和合价，视为此项费用已包含在工程量清单的其他单价和合价中。

__________工程

工程量清单

招标人：________________ 工程造价咨询人：________________

（单位盖章） （单位资质专用章）

法定代表人 法定代表人

或其授权人：________________ 或其授权人：________________

（签字或盖章） （签字或盖章）

编制人：________________ 复核人：________________

（造价人员签字盖专用章） （造价工程师签字盖专用章）

编制时间： 年 月 日 复核时间： 年 月 日

封－1

__________工程

招标控制价

招标控制价(小写)：____________________

(大写)：____________________

招标人：____________
(单位盖章)

工程造价咨询人：____________
(单位资质专用章)

法定代表人
或其授权人：____________
(签字或盖章)

法定代表人
或其授权人：____________
(签字或盖章)

编制人：____________
(造价人员签字盖专用章)

复核人：____________
(造价工程师签字盖专用章)

编制时间：　　年　　月　　日

复核时间：　　年　　月　　日

封一2

投 标 总 价

招　标　人：________________________________

工 程 名 称：________________________________

投标总价(小写)：________________________________

(大写)：________________________________

投　标　人：________________________________

(单位盖章)

法定代表人
或其授权人：________________________________

(签字或盖章)

编　制　人：________________________________

(造价人员签字盖专用章)

编制时间：　　年　　月　　日

封—3

__________工程

竣工结算总价

中标价（小写）：__________　　（大写）：__________

结算价（小写）：__________　　（大写）：__________

发包人：__________　　承包人：__________　　工程造价咨询人：__________

（单位盖章）　　（单位盖章）　　（单位资质专用章）

法定代表人
或其授权人：__________　　法定代表人
或其授权人：__________　　法定代表人
或其授权人：__________

（签字或盖章）　　（签字或盖章）

编制人：__________　　核对人：__________

（造价人员签字盖专用章）　　（造价工程师签字盖专用章）

编制时间：　年　月　日　　复核时间：　年　月　日

封—4

总 说 明

工程名称： 第 页 共 页

表一01

工程项目招标控制价/投标报价汇总表

工程名称：　　　　　　　　　　　　　　　　　　　　　　　　第　页　共　页

序号	单项工程名称	金额（元）	其中		
			暂估价（元）	安全文明施工费（元）	规费（元）
合计					

注：本表适用于工程项目招标控制价或投标报价的汇总。

表一02

单项工程招标控制价/投标报价汇总表

工程名称：　　　　　　　　　　　　　　　　　　　　　　　　第　页　共　页

序号	单项工程名称	金额（元）	其中		
			暂估价（元）	安全文明施工费（元）	规费（元）
合计					

注：本表适用于单项工程招标控制价或投标报价的汇总。暂估价包括分部分项工程中的暂估价和专业工程暂估价。

表一03

单位工程招标控制价/投标报价汇总表

工程名称： 标段： 第 页 共 页

序号	汇总内容	金额（元）	其中：暂估价（元）
1	分部分项工程		
1.1			
1.2			
1.3			
1.4			
1.5			
2	措施项目		—
2.1	安全文明施工费		—
3	其他项目		—
3.1	暂列金额		—
3.2	专业工程暂估价		—
3.3	计日工		—
3.4	总承包服务费		—
4	规费		—
5	税金		—
招标控制价合计=1+2+3+4+5			

注：本表适用于单位工程招标控制价或投标报价的汇总，如无单位工程划分，单项工程也使用本表汇总。

表—04

工程项目竣工结算汇总表

工程名称：　　　　　　　　　　　　　　　　　　　　　　　　第　页　共　页

序号	单项工程名称	金额（元）	其中	
			安全文明施工费（元）	规费（元）
合　计				

表一05

单项工程竣工结算汇总表

工程名称：　　　　　　　　　　　　　　　　　　　　　　　　第　页　共　页

序号	单项工程名称	金额（元）	其中	
			安全文明施工费（元）	规费（元）
合　计				

表一06

单位工程竣工结算汇总表

工程名称：　　　　　　　　　　　　　标段：　　　　　　　　　　　　　　第　页　共　页

序号	汇总内容	金额（元）
1	分部分项工程	
1.1		
1.2		
1.3		
1.4		
1.5		
2	措施项目	
2.1	安全文明施工费	
3	其他项目	
3.1	专业工程结算价	
3.2	计日工	
3.3	总承包服务费	
3.4	索赔与现场签证	
4	规费	
5	税金	
竣工结算总价合计＝1＋2＋3＋4＋5		

注：如无单位工程划分，单项工程也使用本表汇总。

表—07

分部分项工程量清单与计价表

工程名称：　　　　　　　　　　　　　标段：　　　　　　　　　　　　　　第　页　共　页

序号	项目编码	项目名称	项目特征描述	计量单位	工程量	金额（元）		
						综合单价	合价	其中：暂估价
本页小计								
合计								

注：根据建设部、财政部发布的《建筑安装工程费用组成》（建标［2003］206号）的规定，为计取规费等的使用，可在表中增设："直接费""人工费"或"人工费＋机械费"。

表—08

工程量清单综合单价分析表

工程名称： 标段： 第 页共 页

<table>
<tr><td colspan="2">项目编码</td><td colspan="2"></td><td colspan="2">项目名称</td><td colspan="2"></td><td colspan="2">计量单位</td><td colspan="2"></td></tr>
<tr><td colspan="12">清单综合单价组成明细</td></tr>
<tr><td rowspan="2">定额编号</td><td rowspan="2">定额名称</td><td rowspan="2">定额单位</td><td rowspan="2">数量</td><td colspan="4">单价</td><td colspan="4">合价</td></tr>
<tr><td>人工费</td><td>材料费</td><td>机械费</td><td>管理费和利润</td><td>人工费</td><td>材料费</td><td>机械费</td><td>管理费和利润</td></tr>
<tr><td></td><td></td><td></td><td></td><td></td><td></td><td></td><td></td><td></td><td></td><td></td><td></td></tr>
<tr><td></td><td></td><td></td><td></td><td></td><td></td><td></td><td></td><td></td><td></td><td></td><td></td></tr>
<tr><td></td><td></td><td></td><td></td><td></td><td></td><td></td><td></td><td></td><td></td><td></td><td></td></tr>
<tr><td></td><td></td><td></td><td></td><td></td><td></td><td></td><td></td><td></td><td></td><td></td><td></td></tr>
<tr><td></td><td></td><td></td><td></td><td></td><td></td><td></td><td></td><td></td><td></td><td></td><td></td></tr>
<tr><td></td><td></td><td></td><td></td><td></td><td></td><td></td><td></td><td></td><td></td><td></td><td></td></tr>
<tr><td colspan="2">人工单价</td><td colspan="6">小计</td><td></td><td></td><td></td><td></td></tr>
<tr><td colspan="2">元/工日</td><td colspan="6">未计价材料费</td><td colspan="4"></td></tr>
<tr><td colspan="8">清单项目综合单价</td><td colspan="4"></td></tr>
<tr><td rowspan="9">材料费明细</td><td colspan="5">主要材料名称、规格、型号</td><td>单位</td><td>数量</td><td>单价（元）</td><td>合价（元）</td><td>暂估单价（元）</td><td>暂估合价（元）</td></tr>
<tr><td colspan="5"></td><td></td><td></td><td></td><td></td><td></td><td></td></tr>
<tr><td colspan="5"></td><td></td><td></td><td></td><td></td><td></td><td></td></tr>
<tr><td colspan="5"></td><td></td><td></td><td></td><td></td><td></td><td></td></tr>
<tr><td colspan="5"></td><td></td><td></td><td></td><td></td><td></td><td></td></tr>
<tr><td colspan="5"></td><td></td><td></td><td></td><td></td><td></td><td></td></tr>
<tr><td colspan="7">其他材料费</td><td>—</td><td></td><td>—</td><td></td></tr>
<tr><td colspan="7">材料费小计</td><td>—</td><td></td><td>—</td><td></td></tr>
<tr><td colspan="11"></td></tr>
</table>

注：1. 如不使用省级或行业建设主管部门发布的计价依据，可不填定额项目、编号等。

2. 招标文件提供了暂估单价的材料，按暂估的单价填入表内“暂估单价”栏及“暂估合价”栏。

表—09

措施项目清单与计价表（一）

工程名称： 标段： 第 页 共 页

序号	项目名称	计算基础	费率（%）	金额（元）
1	安全文明施工费			
2	夜间施工费			
3	二次搬运费			
4	冬雨季施工			
5	大型机械设备进出场及安拆费			
6	施工排水			
7	施工降水			
8	地上、地下设施、建筑物的临时保护设施			
9	已完工程及设备保护			
10	各专业工程的措施项目			
11				
12				
合 计				

注．1. 本表适用于以“项”计价的措施项目。

2. 根据建设部、财政部发布的《建筑安装工程费用组成》（建标［2003］206 号）的规定，“计算基础”可为“直接费”“人工费”或“人工费＋机械费”。

表—10

措施项目清单与计价表（二）

工程名称： 标段： 第 页 共 页

序号	项目编码	项目名称	项目特征描述	计量单位	工程量	金额（元）	
						综合单价	合价
本页小计							
合计							

注：本表适用于以综合单价形式计价的措施项目。

表—11

其他项目清单与计价汇总表

工程名称：　　　　　　　　　　　　标段：　　　　　　　　　　　　第　页　共　页

序号	项目名称	计量单位	金 额（元）	备注
1	暂列金额			
2	暂估价			
2.1	材料暂估价			
2.2	专业工程暂估价			
3	计日工			
4	总承包服务费			
合计				

注：材料暂估单价进入清单项目综合单价，此处不汇总。

表—12

暂列金额明细表

工程名称：　　　　　　　　　　　　标段：　　　　　　　　　　　　第　页　共　页

序号	项 目 名 称	计量单位	暂定金额（元）	备注
1				
2				
3				
4				
5				
6				
7				
8				
9				
10				
合计				

注：此表由招标人填写，如不能详列，也可只列暂定金额总额，投标人应将上述暂列金额计入投标总价中。

表—12—1

材料暂估单价表

工程名称： 标段： 第 页 共 页

序号	材料名称、规格、型号	计量单位	单价（元）	备注

注：1. 此表由招标人填写，并在备注栏说明暂估价的材料拟用在哪些清单项目上，投标人应将上述材料暂估单价计入工程量清单综合单价报价中。

2. 材料包括原材料、燃料、构配件以及按规定应计入建筑安装工程造价的设备。

表—12—2

专业工程暂估价表

工程名称： 标段： 第 页 共 页

序号	工 程 名 称	工程内容	金额（元）	备注
	合 计			

注：此表由招标人填写，投标人应将上述专业工程暂估价计入投标总价中。

表—12—3

计日工表

工程名称：　　　　　　　　　　　　　　标段：　　　　　　　　　　　　　　第　页　共　页

编号	项目名称	单位	暂定数量	综合单价	合价
一	人工				
1					
2					
3					
4					
人工小计					
二	材料				
1					
2					
3					
4					
5					
6					
材料小计					
三	施工机械				
1					
2					
3					
4					
施工机械小计					
合计					

注：此表项目名称、数量由招标人填写，编制招标控制价时。单价由招标人按有关计价规定确定；投标时，单价由投标人自主报价，计入投标总价中。

表—12—4

总承包服务费计价表

工程名称：　　　　　　　　　　　　　　　　标段：　　　　　　　　　　　　　　　第　页共页

序号	工程名称	项目价值（元）	服务内容	费率（%）	金额（元）
1	发包人发包专业工程				
2	发包人供应材料				
合计					

表—12—5

索赔与现场签证计价汇总表

工程名称：　　　　　　　　　　　　　　　　标段：　　　　　　　　　　　　　　　第　页　共　页

序号	签证及索赔项目名称	计量单位	数量	单价（元）	合价（元）	索赔及签证依据
本页小计						
合计						

注：签证及索赔依据是指经双方认可的签证单和索赔依据的编号。

表—12—6

费用索赔申请（核准）表

工程名称： 标段： 编号：

致：＿（发包人全称）＿

根据施工合同条款第＿＿＿＿条的约定，由于＿＿＿＿原因，我方要求索赔金额（大写）＿＿＿＿元，（小写）＿＿＿＿元，请予核准。

附：1. 费用索赔的详细理由和依据：

2. 索赔金额的计算：

3. 证明材料：

承包人（章）
承包人代表
日　期

复核意见：	复核意见：
根据施工合同条款第＿＿＿＿条的约定，你方提出的费用索赔申请经复核： □不同意此项索赔，具体意见见附件。 □同意此项索赔，索赔金额的计算，由造价工程师复核。 监理工程师 日　期	根据施工合同条款第＿＿＿＿条的约定，你方提出的费用索赔申请经复核，索赔金额为（大写）＿＿＿＿元，（小写）＿＿＿＿元。 造价工程师 日　期

审核意见：

□不同意此项索赔。

□同意此项索赔，与本期进度款同期支付。

发包人（章）
发包人代表
日　期

注：1. 在选择栏中的“□”内做标识“√”。

2. 本表一式四份，由承包人填报，发包人、监理人、造价咨询人、承包人各存一份。

表—12—7

现场签证表

工程名称：　　　　　　　　　　　　标段：　　　　　　　　　　　　编号：

施工单位		日　期	

致：＿＿（发包人全称）＿＿

根据＿＿＿（指令人姓名）＿＿＿年＿＿月＿＿日的口头指令或你方＿＿＿（或监理人）＿＿＿年＿＿月＿＿日的书面通知，我方要求完成此项工作应支付价款金额为（大写）＿＿＿元，（小写）＿＿＿元，请予核准。

附：1. 签证事由及原因：

2. 附图及计算式：

承包人（章）
承包人代表＿＿＿
日　　期＿＿＿

复核意见： 你方提出的此项签证申请经复核： □不同意此项签证，具体意见见附件。 □同意此项签证，签证金额的计算，由造价工程师复核。 监理工程师＿＿＿ 日　　期＿＿＿	复核意见： □此项签证按承包人中标的计日工单价计算，金额为（大写）＿＿＿元，（小写）＿＿＿元。 □此项签证因无计日工单价，金额为（大写）＿＿＿元，（小写）＿＿＿元。 造价工程师 日　　期

审核意见：

□不同意此项签证赔。

□同意此项签证，价款与本期进度款同期支付。

发包人（章）
发包人代表
日　　期

注：1. 在选择栏中的"□"内做标识"√"。

2. 本表一式四份，由承包人在收到发包人（监理人）的口头或书面通知后填写，发包人、监理人、造价咨询人、承包人各存一份。

表—12—8

规费、税金项目清单与计价表

工程名称：　　　　　　　　　　　　　　标段：　　　　　　　　　　　　第　页　共　页

序号	项目名称	计算基础	费率（%）	金额（元）
1	规费			
1.1	工程排污费			
1.2	社会保障费			
(1)	养老保险费			
(2)	失业保险费			
(3)	医疗保险费			
1.3	住房公积金			
1.4	危险作业意外伤害保险			
1.5	工程定额测定费			
2	税金	分部分项工程费＋措施项目费＋其他项目费＋规费		
合　计				

注：根据建设部、财政部发布的《建筑安装工程费用组成》（建标［2003］206号）的规定，“计算基础”可为“直接费”“人工费”或“人工费＋机械费”。

表—13

工程款支付申请（核准）表

工程名称：　　　　　　　　　　　　　　标段：　　　　　　　　　　　　第　页　共　页

致：＿＿（发包人全称）＿＿

我方于＿＿＿＿＿＿至＿＿＿＿期间已完成了＿＿＿＿工作，根据施工合同的约定，现申请支付本期的工程价款为（大写）＿＿＿＿元，（小写）＿＿＿＿元，请予核准。

序号	名称	金额（元）	备注
1	累计已完成的工程价款		
2	累计已实际支付的工程价款		
3	本周期已完成的工程价款		
4	本周期完成的计日工金额		
5	本周期应增加和扣减的变更金额		
6	本周期应增加和扣减的索赔金额		
7	本周期应抵扣的预付款		
8	本周期应扣减的质保金		
9	本周期应增加或扣减的其他金额		
10	本周期实际应支付的工程价款		

承包人（章）

承包人代表

日　　期

续表

<table>
<tr><td>复核意见：
□与实际施工情况不相符，修改意见见附件。
□与实际施工情况相符，具体金额由造价工程师复核。
监理工程师
日　　期</td><td>复核意见：
你方提出的支付申请经复核，本周期已完成工程价款为（大写）________元，（小写）________元，本期间应支付金额为（大写）________元，（小写）________元。
造价工程师
日　　期</td></tr>
<tr><td colspan="2">审核意见：
□不同意。
□同意，支付时间为本表签发后的 15 天内。
发包人（章）
发包人代表
日　　期</td></tr>
</table>

注：1. 在选择栏中的“□”内做标识“√”。

2. 本表一式四份，由承包人填报，发包人、监理人、造价咨询人、承包人各存一份。

表—14

2.2　工程量清单的编制方法

工程量清单主要包括分部分项工程项目、措施项目、其他项目、规费项目和税金项目清单五部分内容。

2.2.1　分部分项工程量清单

分部分项工程量清单是指构成拟建工程实体的全部分项实体项目名称和相应数量的明细清单。分部分项工程量清单应包括项目编码、项目名称、计量单位和工程数量。“计价规范”规定：分部分项工程量清单应根据附录规定的统一项目编码、项目名称、计量单位和工程量计算规则进行编制。

1. 项目编码

项目编码按“计价规范”规定，采用五级编码，用 12 位阿拉伯数字表示，一至九位为统一编码，必须依据规范设置。其中一、二位（一级）为附录顺序码，三、四位（二级）为专业工程顺序码，五、六位（三级）为分部工程顺序码，七、八、九位（四级）为分项工程顺序码，十至十二位（五级）为清单项目名称顺序码，第五级编码由清单编制人根据设置的清单项目自行编制，且应从 001 开始。

（1）第一、二位，附录顺序码（表 2.2）

表 2.2　附录顺序码

第一、二位编码	对应的附录	适用工程
01	附录 A	建筑工程
02	附录 B	装饰装修工程
03	附录 C	安装工程
04	附录 D	市政工程
05	附录 E	园林绿化工程

（2）第三、四位，专业工程顺序码

以建筑工程（附录A）为例，建筑工程共分八项专业工程，见表2.3。

表2.3 专业工程顺序码

第三、四位编码	对应的附录	适用的专业	前四位编码
01	A.1	土（石）方工程	0101
02	A.2	桩与地基基础工程	0102
03	A.3	砌筑工程	0103
04	A.4	混凝土及钢筋混凝土工程	0104
05	A.5	厂库房大门、特种门、木结构工程	0105
06	A.6	金属结构工程	0106
07	A.7	屋面及防水工程	0107
08	A.8	防腐、隔热、保温工程	0108

（3）第五、六位，分部工程顺序码

以建筑工程中的现浇混凝土工程为例，按不同的结构构件编码，见表2.4。

表2.4 分部工程顺序码

第五、六位编码	对应的附录	适用的分部工程（不同结构构件）	前六位编码
01	A.4.1	现浇混凝土基础	010401
02	A.4.2	现浇混凝土柱	010402
03	A.4.3	现浇混凝土梁	010403
04	A.4.4	现浇混凝土墙	010404
05	A.4.5	现浇混凝土板	010405
⋮	⋮	⋮	⋮

（4）第七、八、九位，分项工程顺序码

以现浇混凝土梁为例，见表2.5。

表2.5 分项工程顺序码

第七、八、九位编码	对应的附录	适用的分项工程	前九位编码
001	A.4.3	现浇混凝土基础梁	010403001
002	A.4.3	现浇混凝土矩形梁	010403002
003	A.4.3	现浇混凝土异形梁	010403003
004	A.4.3	现浇混凝土圈梁	010403004
005	A.4.3	现浇混凝土过梁	010403005
006	A.4.3	现浇混凝土弧形、拱形梁	010403006

（5）第十至十二位清单项目名称顺序码（以现浇混凝土矩形梁为例）

现浇混凝土矩形梁考虑混凝土强度等级，还有抗渗、抗冻等要求，其编码由清单编制人在全国统一九位编码的基础上，在第十、十一、十二位上自行设置，编制出项目名称顺序码001，002，003，…假如还有抗渗、抗冻等要求，就可以继续编制004，005，006等，如：

现浇混凝土矩形梁C20，编码010403002001；

现浇混凝土矩形梁C30，编码010403002002；

现浇混凝土矩形梁 C35，编码 010403002003。

(6) 清单编制人在自行设置编码时的注意事项

①一个项目编码对应一个项目名称、计量单位、计算规则、工程内容和综合单价。因而清单编制人在自行设置编码时，以上五项中只要有一项不同，就应另设编码。如：M5.0 混合砂浆砌筑砖围墙（实心砖墙）、M10 水泥砂浆砌筑370 mm建筑物外墙（实心砖墙）、M7.5 水泥砂浆砌筑 370 mm 建筑物外墙（实心砖墙），这三个项目虽然都是实心砖墙，但第一和第二、三项目属于不同类型且砂浆强度等级不同的墙体；二、三项目属于同类型项目，但砌筑砂浆强度等级不同，因而这三个项目的综合单价就不同，故第五级编码就应分别设置。其编码分别为：010302001001（M5.0 混合砂浆砖围墙）；010302001002（M10 水泥砂浆砖外墙）；010302001003（M7.5 水泥砂浆砖外墙）。

②项目编码不应再设付码。因第五级编码的编码范围从 001 至 999 共有 999 个，对于一个项目即使特征有多种类型，也不会超过 999 个，在实际工程应用中足够使用。如用 010302001001－1（付码）和 010302001001－2（付码）编码，分别表示 M10 水泥砂浆外墙和 M7.5 水泥砂浆外墙就是错误的表示方法。

③同一个分项工程中第五级编码不应重复。即同一性质项目，只要形成的综合单价不同，第五级编码就应分别设置，如墙面抹灰中的混凝土墙面和砖墙面抹灰其第五级编码就应分别设置。

④清单编制人在自行设置编码时，并项要慎重考虑。如：某多层建筑物挑檐底部抹灰与室内天棚抹灰的砂浆种类、抹灰厚度都相同，但这两个项目的施工难易程度有所不同，因而就要慎重考虑并项。

2. 项目名称

分部分项工程量清单项目应按“计价规范”规定的统一项目名称进行设置，具体划分时应考虑三个因素：一是附录中的项目名称；二是附录中的项目特征和所完成的工程内容多少；三是拟建工程的实际情况。清单编制人在编制工程量清单时，要以附录中的项目名称为主体（反映的仅是项目的一般特征），同时考虑该项目的规格、种类等特征（具体个性特征）要求，结合拟建工程的实际情况，使其工程量清单项目名称具体化、细化。

(1) 项目名称

“计价规范”中，项目名称一般是以工程实体命名的。如水泥砂浆楼地面、筏形基础、矩形柱、圈梁等。应该注意：附录中的项目名称所表示的工程实体，有些是可用适当的计量单位计算的简单完整的分项工程，如砌筑砖墙；也有些项目名称所表示的工程实体是分项工程的组合，如块料楼地面就是由楼地面垫层、找平层、防水层、面层铺设等分项工程组成。

在进行工程量清单项目设置时，切记不可只考虑附录中的项目名称，忽视附录中的项目特征，造成工程量清单项目的丢项、错项或重复列项。比如附录中清单项目现浇混凝土基础就包括其下的垫层内容，如某建筑物基础为 C30 钢筋混凝土筏片基础，垫层为 C15 无筋混凝土垫层，编制工程量清单时，分项工程量清单项目名称应列为“钢筋混凝土筏片基础”，混凝土垫层不能再列项，只能把垫层厚度及强度等级等特征在项目名称栏内描述出来，供投标人核算工程量及准确报价之用。

(2) 项目特征

项目特征是指工程量清单项目的个性特征，如墙面抹灰项目中就要描述墙体类型，底层砂浆厚度、砂浆配合比，面层砂浆厚度、砂浆配合比，分格缝宽度、材料种类等。在“计价规范”中，该项目所完成的工程内容有基层清理，砂浆制作、运输，底层抹灰，抹面层，勾分格缝。注意项目特征和该项目所完成的工程内容是统一的。

附录中的项目特征是提示工程量清单编制人，应在工程量清单项目名称栏内描述项目的哪些个性特征，以便投标人核算工程量及准确报价。另外投标人在进行清单报价时，除了注意工程量清单中的项目特征描述外，还要熟悉“计价规范”中对应项目的工程内容以及工程实际情况，这样才能真正做到准确计价。

项目特征的描述还应结合工程的实际情况来定，若附录中未列的项目特征，拟建工程中有的，在编制清单项目时，在项目名称栏内应补充进去；实际工程中不存在的，而附录中已列出的，在编制清单时，要在项目名称栏内删掉。需要注意的是：项目特征叙述时一般不加序号，在项目名称栏内描述项目特征，不写“项目特征”几个字，其格式见表 2.6。

表 2.6　分部分项工程量清单

序号	项目编号	项目名称	计量单位	工程数量
		B.1 楼地面工程		
1	020102002001	块料楼地面 10 厚瓷质耐磨地砖（400×300）楼面，干水泥擦缝 撒素水泥面（洒适量水） 10 厚 1∶3 干硬性水泥砂浆结合层 50 厚 C15 混凝土找坡层，最薄处 30 厚 聚氨酯涂膜防水层 1.5，防水层周边卷起 250 20 厚 C20 细石混凝土随打随抹平 200 厚 2∶7 灰土垫层 素土夯实	m^2	7.89

项目特征直接影响工程项目的价格高低，它既是投标人进行投标报价时的依据，又是有关信息系统进行项目综合单价分析、研究发布综合单价信息的基础，故在进行项目特征描述时，文字要简练、内容要详尽、数据要准确。

(3) 缺项补充

随着科学技术的发展，新材料、新技术、新的施工工艺将伴随出现，因此“计价规范”规定，在编制工程量清单时，凡附录中的缺项，编制人可做补充。补充项目应填写在工程量清单相应分部分项工程项目之后，且应在项目编码栏中以“补”字表示，并应报省、自治区、直辖市工程造价管理机构备案。

(4) 计量单位

“计价规范”规定，分部分项工程量清单中的计量单位应按附录中统一规定的计量单位确定，如挖土方的计量单位为 m^3，楼地面工程工程量计量单位为“m^2”，钢筋工程计量单位为“t”等。

(5) 工程数量

工程数量的计算，应按“计价规范”规定的统一计算规则进行计量，各分部分项工程量的计算规则详见模块 3。工程数量的有效位数应遵守下列规定：

①以“t”为单位，应保留小数点后三位数字，第四位四舍五入。

②以“m^3”“m^2”“m”为单位，应保留小数点后两位数字，第三位四舍五入。

③以“个”“项”等为单位，应取整数。

3. 分部分项工程量清单的编制程序

在进行分部分项工程量清单编制时，其编制程序如图 2.1 所示。

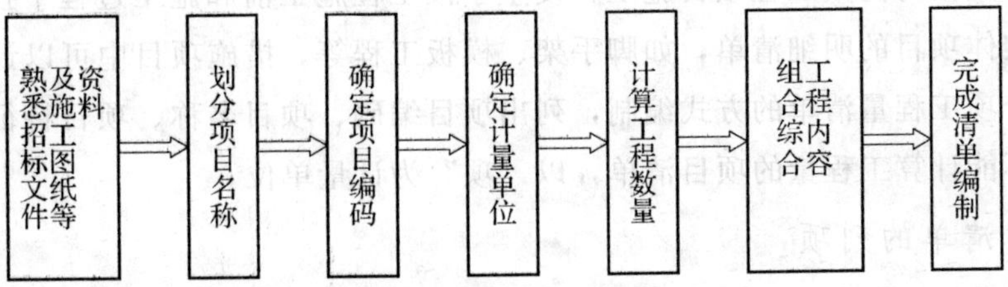

图 2.1　分部分项工程量清单编制程序

分部分项工程量清单项目的设置及工程量计算，首先要熟悉设计文件，读取项目内容，对照设计规范项目名称及用于描述项目名称的项目特征，确定具体的分部分项工程名称；然后设置项目编码，再按计价规范中的计量单位，确定分部分项工程的计量单位，之后按计价规范中规定的工程量计算规则，读取设计文件数据，计算工程数量；最后参考计价规范中列出的工程内容，组合分部分项工程量清单的综合工程内容。

【例 2.1】　如图 2.2 所示，C30 钢筋混凝土带形基础，C10 素混凝土垫层，其长 20 m。设置分部分项工程量清单。

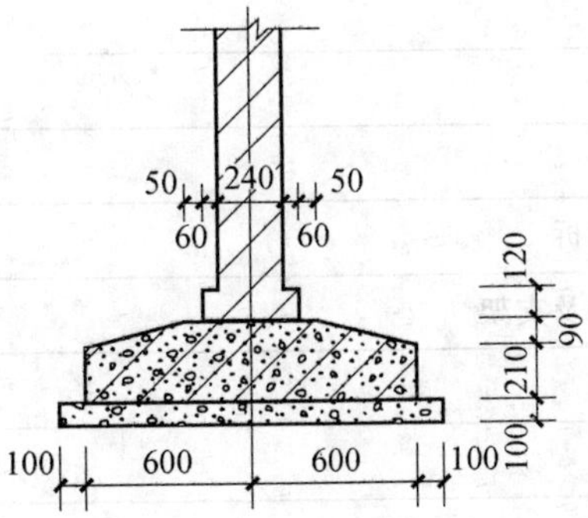

图 2.2　基础剖面图

解　项目名称：带形基础（C30）

项目编码：010401001001

计量单位：m^3

工程数量：$[1.2\times0.21+(1.2+0.46)\times0.09\times0.5]\times20=6.54$（m^3）

综合工程内容：

C10 素混凝土垫层 $1.4\times0.1\times20=2.8$（m^3）

表格填写（表 2.7）：

表 2.7　分部分项工程量清单

序号	项目编号	项目名称	计量单位	工程数量
		A. 4 钢筋混凝土工程		
1	010401001001	带形基础（C30） C10 素混凝土垫层 2.8 m^3 拌合料要求：商品混凝土	m^3	6.54

2.2.2 措施项目清单

措施项目清单是指为完成工程项目施工，发生于该工程施工前和施工过程中技术、生活、安全等方面的非工程实体项目的明细清单，如脚手架、模板工程等。措施项目中可以计算工程量的项目清单宜采用分部分项工程量清单的方式编制，列出项目编码、项目名称、项目特征、计量单位和工程量计算规则；不能计算工程量的项目清单，以“项”为计量单位。

1. 措施项目清单的列项

(1) 措施清单项目的列项

措施清单项目的列项，见表 2.8。

表 2.8 措施项目一览表

序号	项目名称
	1. 通用措施项目
1.1	环境保护
1.2	文明施工
1.3	安全施工
1.4	临时设施
1.5	夜间施工
1.6	二次搬运
1.7	大型机械设备进出场及安拆
1.8	混凝土、钢筋混凝土模板及支架
1.9	脚手架
1.10	已完工程及设备保护
1.11	施工排水、降水
	2. 建筑工程措施项目
2.1	垂直运输机械
	3. 装饰装修工程措施项目
3.1	垂直运输机械
3.2	室内空气污染测试

注：1. 此表摘自《建设工程工程量清单计价规范》(GB 50500—2013)。

2. 表中“通用项目”所列内容是指各专业工程的“措施项目清单”中均可列的措施项目，各专业工程中所列的内容，是指相应专业的“措施项目清单”中可列的项目。

(2) 措施项目清单内容的补充

措施项目的具体设置，应根据拟建工程的实际情况设置，如发生了参照表中未列的项目，工程量清单编制人可做补充，补充项目应列在清单项目的最后，并在序号栏中以“补”字表示。措施项目清单中所列的措施项目均以“一项”提出，即以“项”为计量单位，相应数量为“1”。

2. 措施项目清单的列项条件

措施项目清单的列项条件，见表 2.9。

表 2.9 措施项目清单的列项条件

序号	项目名称	措施项目发生的条件
1	环境保护	正常情况下都要发生
2	文明施工	
3	安全施工	
4	脚手架	
5	已完工程及设备保护	
6	临时设施	
7	材料二次搬运	
8	垂直运输机械	
9	混凝土、钢筋混凝土模板及支架	
10	大型机械设备进出场及安拆	施工方案中有大型机具的使用方案，拟建工程必须使用大型机具
11	夜间施工	拟建工程有必须连续施工的要求，或工期紧张有夜间施工的倾向
12	施工排水、降水	依据水文地质资料，拟建工程的地下施工深度低于地下水位
13	室内空气污染测试	使用了挥发性有害物质的材料

(1) 环境保护费

环境保护费是指施工现场为达到环保部门要求所需要的各项费用。

(2) 文明施工费

文明施工费是指施工现场文明施工所需要的各项费用。

(3) 安全施工费

安全施工费是指施工现场安全施工所需要的各项费用。

(4) 临时设施费

临时设施费是指施工企业为进行建筑工程施工所必须搭设的生活和生产用的临时建筑物、构筑物和其他临时设施费用等。临时设施包括：临时宿舍、文化福利及公用事业房屋与构筑物，仓库、办公室、加工厂以及规定范围内道路、水电、管线等临时设施和小型临时设施。

(5) 夜间施工增加费

夜间施工增加费是指因夜间施工所发生的夜班补助费、夜间施工降效、夜间施工照明设备摊销及照明用电等费用。

(6) 二次搬运费

二次搬运费是指因施工场地狭小等特殊情况而发生的二次搬运费用。

(7) 大型机械进出场及安拆费

大型机械进出场及安拆费是指机械整体或分体自停放场地运至施工现场或由一个施工地点运至另一个施工地点，所发生的机械进出场运输及转移费用和机械在施工现场进行安装、拆卸所需的人工费、材料费、机械费、试运转费及安装所需的辅助设施的费用。

(8) 混凝土、钢筋混凝土模板及支架费

混凝土、钢筋混凝土模板及支架费是指混凝土施工过程中需要的各种钢模板、木模板、支架等的支、拆、运输费用及模板、支架的摊销（或租赁）费用。

(9) 脚手架费

脚手架费是指施工需要的各种脚手架搭、拆、运输费用及脚手架的摊销（或租赁）费用。

(10) 已完工程及设备保护费

已完工程及设备保护费是指竣工验收前，对已完工程及设备进行保护所需的费用。

(11) 施工排水、降水费

施工排水、降水费是指为确保工程在正常条件下施工，采取各种排水、降水措施所发生的各种费用。除以上各项措施项目费外，在实际施工过程中会发生以下费用项目，也按措施项目费考虑，如：

①冬雨季施工增加费：是指按照施工及验收规范所规定的冬雨季施工要求，为保证冬雨季施工期间的工程质量和安全生产所需要增加的费用，包括冬雨季施工增加的工序、人工降效、机械降效、防雨、保温、加热等施工措施费用。

②工程定位复测、工程点交、场地清理费：是指开工前测量、定位、钉龙门板桩及经规划部门派员复测的费用；办理竣工验收、进行工程点交的费用；以及竣工后室内清扫和场地清理所发生的费用。

③ 生产工具用具使用费：是指施工生产所需不属于固定资产的生产工具及检验用具等的购置、摊销和维修费，以及支付给工人自备工具的补贴费。

④ 施工因素增加费：是指具有市政工程特点，但又不属于临时设施的范围，并在施工前能预见到发生的因素而增加的费用。

⑤ 赶工措施费：是指由于建设单位原因，要求施工工期少于合理工期，施工单位为满足工期的要求而采取相应措施发生的费用。

⑥ 垂直运输机械费：是指施工需要的各种垂直运输机械的台班费用。

(12) 室内环境污染物检测费

室内环境污染物检测费是指为保障公众健康、维护公共利益，对民用建筑中由于建筑材料和装修材料产生的室内环境污染物进行检测而发生的费用。

3. 注意事项

措施项目清单为可调整清单，投标人对招标文件中所列项目，可根据企业自身特点做适当的变更。投标人要对拟建工程可能发生的措施项目和措施费用做通盘考虑，清单计价一经报出，即被认为是包括了所有应该发生的措施项目的全部费用，如果报出的清单中没有列项，且施工中又必须发生的项目，业主有权认为，其已经综合在分部分项工程量清单的综合单价中，将来措施项目发生时投标人不得以任何借口提出索赔与调整。

2.2.3 其他项目清单

其他项目清单是指除分部分项工程量清单、措施项目清单外的由于招标人的特殊要求而设置的项目清单。

1. 其他项目清单的内容及相关知识点

(1) 暂列金额

暂列金额由招标人根据工程特点，按有关计价规定进行估算确定，一般可以分部分项工程量清单费的10%～15%为参考。索赔费用、签证费用从此项扣支。

(2) 暂估价（包括材料暂估单价、专业工程暂估价）

①暂估价：是指招标阶段直至签订合同协议时，招标人在招标文件中提供的用于支付必然要发生但暂时不能确定价格的材料以及需另行发包的专业工程金额。

②材料暂估单价：甲方列出暂估的材料单价及使用范围，乙方按照此价格来进行组价，并计入相应清单的综合单价中；其他项目合计中不包含，只是列项。

③专业工程暂估价：按项列支，如塑钢门窗、玻璃幕墙、防水等，价格中包含除规费、税金外的所有费用；此费用计入其他项目合计中。

(3) 计日工

计日工包括用于计日工的人工、材料、施工机械。

(4) 总承包服务费

对于总承包服务费，一定要在招标文件中说明总包的范围，以减少后期不必要的纠纷；规范中列出的参考计算标准如下：招标人仅要求对分包的专业工程进行总承包管理和协调时，按分包的专业工程估算造价的1.5%计算；招标人要求对分包的专业工程进行总承包管理和协调并同时要求提供配合服务时，根据招标文件中列出的配合服务内容和提出的要求按分包的专业工程估算造价的3%～5%计算；招标人自行供应材料的，按招标人供应材料价值的1%计算。在编制竣工结算书时，对于变更、索赔项目，也应列入其他项目。

注意：以上四项均为估算、预测数量，虽在投标时计入投标人的报价中，但不应视为投标人所有。竣工结算时，应按承包人实际完成的工作内容结算，剩余部分仍归招标人所有。

2. 其他项目清单内容的补充

在编制其他项目清单时，不同的工程其工程建设的标准高低、复杂程度、工期长短等都影响到其他清单内容的设置，因而在编制其他项目清单时，应根据拟建工程的具体情况考虑。当实际所发生的项目，“计价规范”所提供的四项参照内容中未包括的，清单编制人可做补充，补充项目列在清单项目最后，并以“补”字在序号栏中表示。

3. 注意事项

其他项目清单（表2.10）中由招标人填写的项目名称、数量、金额，投标人（或标底编制人）不得随意改动，且对投标人部分，招标人提出的项目与数量必须进行报价，如果不报价，招标人有权认为投标人就未报价内容要无偿为自己服务。当投标人认为招标人列项不全时，投标人可自行增加列项，并确定本项目的工程量及计价。

表 2.10 其他项目清单

工程名称： 第 页 共 页

序号	项目名称
1	招标人部分
1.1	预留金
2	投标人部分
2.1	总承包服务费
2.2	零星工作项目费

表 2.11 计日工表

工程名称： 第 页 共 页

序号	名称	计量单位	数量
1	人工 (1) 普工 (2) 瓦工 (3) 抹灰工	 工日 工日 工日	 50 30 20
	小计		
2	材料 (1) 42.5 矿渣水泥	kg	300
	小计		
3	机械 (1) 载重汽车	台班	20
	小计		

注：此表中人工、材料、机械数量，只能作为投标报价的参考，不能作为竣工结算的依据。竣工结算时，人工、材料、机械的数量应以发包方和承包方共同确认的项目和数量为准。

2.2.4 规费项目清单

规费是指政府和有关权力部门规定必须缴纳的费用（简称规费）。内容包括：工程排污费、工程定额测定费、社会保障费、住房公积金和危险作业意外伤害保险。

1. 工程排污费

工程排污费是指施工现场按规定缴纳的工程排污费。

2. 工程定额测定费

工程定额测定费是指按规定支付工程造价（定额）管理部门的定额测定费。

3. 社会保障费

(1) 养老保险费

养老保险费是指企业按规定标准为职工缴纳的基本养老保险费。

(2) 失业保险费

失业保险费是指企业按照规定标准为职工缴纳的失业保险费。

(3) 医疗保险费

医疗保险费是指企业按照规定标准为职工缴纳的基本医疗保险费。

4. 住房公积金

住房公积金是指企业按规定标准为职工缴纳的住房公积金。

5. 危险作业意外伤害保险

危险作业意外伤害保险是指按照建筑法规定，企业为从事危险作业的建筑安装施工人员支付的意外伤害保险费。

2.2.5 税金项目清单

工程造价税金由营业税、城市维护建设税、教育费附加组成，是地方税收的一项重要来源。实行工程量清单计价规范之后，税金需要单独列项计算，金额大小直接影响工程造价的高低。如何进行税金的计算及筹划，关系到建设单位和施工单位的切身利益。国家立法机构近年陆续出台了多项建筑业税收的法律法规，明确了税金的征收缴纳规定，促进了建筑行业的健康发展。

拓展与实训

能力训练：工作任务书

学生姓名		学号		学习小组编号	
工作任务	完成课后思考问题。 1. 实行工程量清单计价的意义何在？ 2. 建设工程工程量清单计价规范由几部分构成？ 3. 建设工程工程量清单计价规范中规定必须遵守的“四统一”是指什么？ 4. 分部分项工程工程量清单中的项目编码共由多少位数字组成，每级编码表示什么？ 5. 清单编制人在自行设置第五级编码时，应注意什么？ 6. 项目特征的描述在清单编制中起何作用？试举例说明。 7. 什么是措施项目清单？一般土建工程中的措施项目，正常情况下列哪几项？ 8. 什么是其他项目清单，其他项目清单分为几部分，各部分含义是什么？				
训练目的	进一步加深对工程量清单的编制部分内容及知识点的学习和了解，为下一步进入计算部分内容打下基础。				
能力目标	完成对模块 2 建筑工程造价相关知识点的掌握				
原始资料	教材、网络资料				
训练任务	1. 分组讨论 2. 汇总 3. 小组代表对各组思考问题的答案进行汇报 4. 教师评价				
完成要求	1. 在规定时间内完成以上内容 2. 回答内容覆盖必须全面、完整				
训练步骤					
本次任务完成情况总结（由学生填写）					
教师评价					

备注：学习小组应在开学第一次课就划分好。每 8 人一组，组长可不固定，轮流当选。

模块3

建安工程工程量清单项目及计算

【知识目标】

1. 掌握各分部工程的概念及清单项目设置；

2. 掌握建筑面积、土石方工程、桩与地基基础工程、砌筑工程、混凝土及钢筋混凝土工程、脚手架工程等分部工程的计算规则及方法。

【能力目标】

1. 具备准确、熟练识图的能力；

2. 具备对建筑面积、土石方工程、桩与地基基础工程、砌筑工程、混凝土及钢筋混凝土工程、脚手架工程等分部工程的计量能力；

3. 培养耐心细致、一丝不苟的工作作风和动手解决问题的能力。

3.1 建筑面积

3.1.1 建筑面积相关资讯

1. 建筑面积的概念及作用

建筑面积是指建筑物外墙勒脚以上各层结构外围水平投影面积的总和。建筑面积包括有效面积和结构面积两部分。有效面积是指建筑物各层平面中可直接为生产或生活使用的净面积总和，包括使用面积和交通面积，如客厅、楼梯间、走廊等。结构面积是指建筑物各层平面布置中的墙体、柱、垃圾道、通风道等所占的面积的总和。建筑面积是衡量建筑技术经济效果的一项重要指标，它的作用主要表现在以下几个方面：

①建筑面积是一项重要的技术经济指标。在国民经济一定时期内，完成建筑面积的多少，也标志着一个国家的工农业生产发展状况、人民生活居住条件的改善和文化生活福利设施发展的程度。

②建筑面积是计算结构工程量或用于确定某些费用指标的基础。如计算出建筑面积之后，利用这个基数，就可以计算地面抹灰、室内填土、地面垫层、平整场地、脚手架工程等项目的预算价值。为了简化预算的编制和某些费用的计算，有些取费指标的取定，如中小型机械费、生产工具使用费、检验试验费、成品保护增加费等也是以建筑面积为基数确定的。

③建筑面积作为结构工程量的计算基础，不仅重要，也是一项需要认真对待和细心计算的工作，任何粗心大意都会造成计算上的错误，不但会造成结构工程量计算上的偏差，也会直接影响概预算造价的准确性，造成人力、物力和国家建设资金的浪费及大量建筑材料的积压。

④建筑面积与使用面积、辅助面积、结构面积之间存在着一定的比例关系。设计人员在进行建筑或结构设计时，都应在计算建筑面积的基础上再分别计算出结构面积、有效面积及诸如平面系数、土地利用系数等技术经济指标。有了建筑面积，才有可能计算单位建筑面积的技术经济指标。

⑤建筑面积的计算对于建筑施工企业实行内部经济承包责任制、投标报价、编制施工组织设计、配备施工力量、成本核算及物资供应等，都具有重要的意义。

2. 专业术语

(1) 勒脚

勒脚是建筑物外墙与室外地面接触部位加厚墙体的部分。

(2) 层高

层高指上、下相邻两层的楼面或楼面与地面之间的垂直距离。

(3) 净高

净高指楼面或地面至上部楼板底面或吊顶底面之间的垂直距离。

(4) 单层建筑物的高度

单层建筑物的高度指室内地面标高至屋面板板面之间的垂直距离。遇有以屋面板找坡的平屋顶单层建筑物，其高度指室内地面标高至屋面板最低处板面结构标高之间的垂直距离。

(5) 结构标高

结构标高指结构设计图中所标注的标高。

(6) 自然层

自然层指按楼板、地板结构分层的楼层。

(7) 夹层、插层

夹层、插层指建筑在房屋内部空间的局部层次，是安插于上下两个正式楼层中间的附层。

(8) 技术层

技术层指建筑物内专门用于设置管道、设备的楼层或地下层。

(9) 永久性顶盖

永久性顶盖指与建筑物同期设计，经规划部门批准的、结构牢固、永久使用的顶盖。

(10) 围护性幕墙

围护性幕墙指直接作为外墙起围护作用的幕墙。

(11) 装饰性幕墙

装饰性幕墙指设置在建筑物墙体外起装饰作用的幕墙。

(12) 围护结构

围护结构指围合建筑空间四周的墙体、门、窗等。

(13) 外墙结构

外墙结构指不包括装饰层、保温隔热层、防潮层、保护墙等附加层厚度的外墙本身的结构。

(14) 地下室

地下室指房间地面低于室外地面的高度超过该房间净高的1/2。

(15) 半地下室

半地下室指房间地面低于室外地面的高度超过该房间净高的1/3，且不超过1/2。

(16) 变形缝

变形缝是伸缩缝（温度缝）、沉降缝和抗震缝的统称。

(17) 使用面积

使用面积指建筑物各层平面布置中可直接为生产或生活使用的净面积总和。

(18) 辅助面积

辅助面积指建筑物各层平面布置中为生产或生活服务所占的净面积的总和，如楼梯间、走廊、电梯井等。

(19) 结构面积

结构面积指建筑物各层平面布置中的墙体、柱、垃圾道、通风道等所占的面积的总和。

(20) 架空层

架空层指建筑物深基础或坡地建筑吊脚架空部位不回填土石方形成的建筑空间。

(21) 走廊

走廊指建筑物的水平交通空间。

(22) 挑廊

挑廊指挑出建筑物外墙的水平交通空间。

(23) 檐廊

檐廊指设置在建筑物底层出檐下的水平交通空间。

(24) 回廊

回廊指建筑物门厅、大厅内设置在二层或二层以上的回形走廊。

(25) 门斗

门斗指建筑物出入口设置的起分隔、挡风、御寒等作用的建筑过渡空间。

(26) 建筑物通道

建筑物通道指为道路穿过建筑物而设置的建筑空间。

(27) 架空走廊

架空走廊指建筑物与建筑物之间，在二层或二层以上专门为水平交通设置的走廊。

(28) 落地橱窗

落地橱窗指突出外墙面根基落地的橱窗。

(29) 阳台

阳台指供使用者进行活动和晾晒衣物的建筑空间。

(30) 眺望间

眺望间指设置在建筑物顶层或挑出房间的供人们远眺或观察周围情况的建筑空间。

(31) 雨篷

雨篷指设置在建筑物进出口上部的遮雨、遮阳篷。

(32) 飘窗

飘窗指为房间采光和美化造型而设置的突出外墙的窗。

(33) 骑楼

骑楼指楼层部分跨在人行道上的临街楼房。

(34) 过街楼

过街楼指有道路穿过建筑空间的楼房。

3.1.2 建筑面积计算规则

(1) 单层建筑物的建筑面积，应按其外墙勒脚（图 3.1）以上结构外围水平面积计算，并应符合下列规定：

①单层建筑物高度在 2.20 m 及以上者应计算全面积；高度不足 2.20 m 者应计算 1/2 面积。

说明：单层建筑物的高度指室内地面标高至屋面板板面之间的垂直距离。遇有以屋面板找坡的平屋顶单层建筑物，其高度指室内地面标高至屋面板最低处板面结构标高之间的垂直距离。

②利用坡屋顶内空间时，净高超过 2.10 m 之间的部位应计算全面积；净高在 1.20 ~2.10 m 之间的部位应计算 1/2 面积；净高不足 1.20 m 的部位不应计算面积。

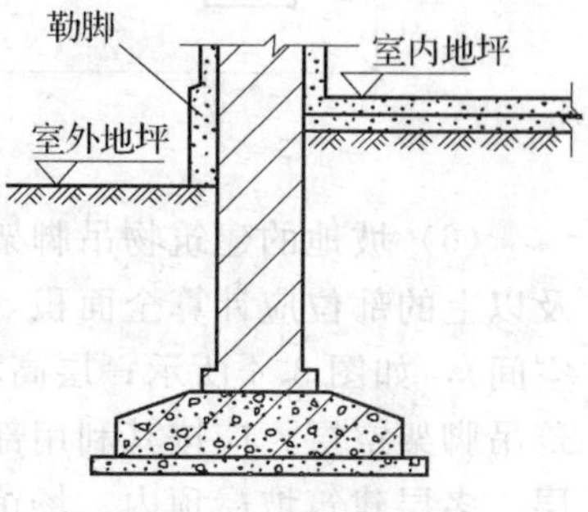

图 3.1　勒脚示意图

(2) 单层建筑物内设有局部楼层者，局部楼层的二层及以上楼层，有围护结构（是指围合建筑空间四周的墙体、门、窗等）的应按其围护结构外围水平面积计算；无围护结构的应按其结构底板水平面积计算。层高在 2.20 m 及以上者应计算全面积；层高不足 2.20 m 者应计算 1/2 面积。如图 3.2 所示。

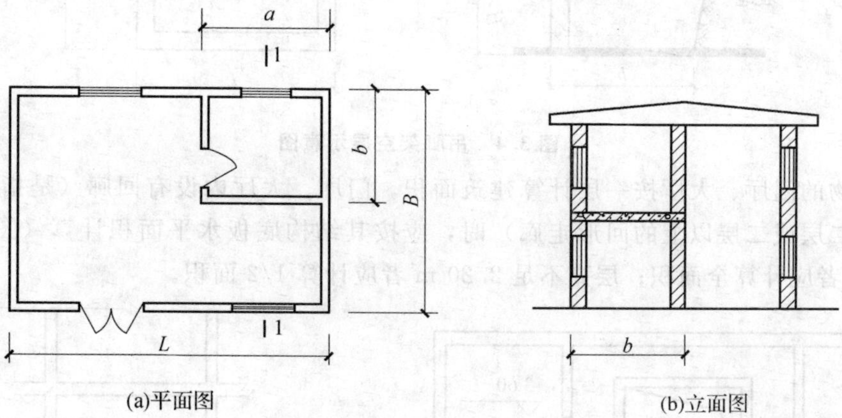

图 3.2　单层建筑物内设局部楼层示意图

其建筑面积表示为

$$S=LB+ab$$

(3) 多层建筑物首层应按其外墙勒脚以上结构外围水平面积计算；二层及以上楼层应按其外墙结构外围水平面积计算。层高在 2.20 m 及以上者应计算全面积；层高不足 2.20 m 者应计算 1/2 面积。

(4) 多层建筑坡屋顶内和场馆看台下，当设计加以利用时净高超过 2.10 m 之间的部位应计算全面积；净高在 1.20～2.10 m 之间的部位应计算 1/2 面积；当设计不利用或室内净高不足 1.20 m 时不应计算面积。

(5) 地下室、半地下室（车间、商店、车站、车库、仓库等），包括相应的有永久性顶盖的出入口，应按其外墙上口（不包括采光井、外墙防潮层及其保护墙）外边线所围水平面积计算。层高在 2.20 m 及以上者应计算全面积；层高不足 2.20 m 者应计算 1/2 面积。地下室及其出入口如图 3.3 所示。

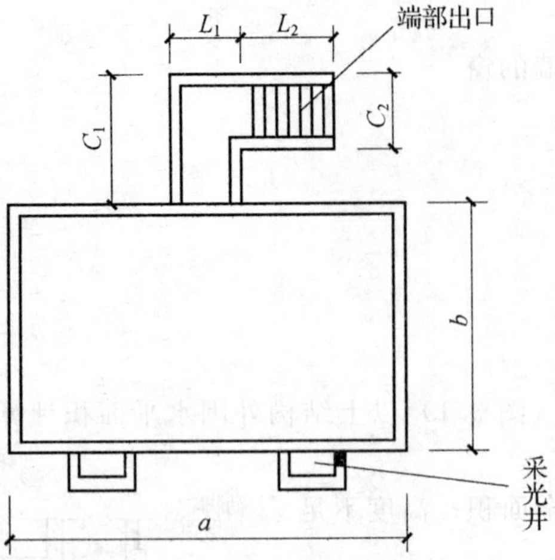

图 3.3　地下室示意图

（6）坡地的建筑物吊脚架空层、深基础架空层，设计加以利用并有围护结构的，层高在 2.20 m 及以上的部位应计算全面积（是指建筑物深基础或坡地建筑吊脚架空部位不回填土石方形成的建筑空间），如图 3.4 所示；层高不足 2.20 m 的部位应计算 1/2 面积。设计加以利用、无围护结构的建筑吊脚架空层，应按其利用部位水平面积的 1/2 计算；设计不利用的深基础架空层、坡地吊脚架空层、多层建筑坡屋顶内、场馆看台下的空间不应计算面积。

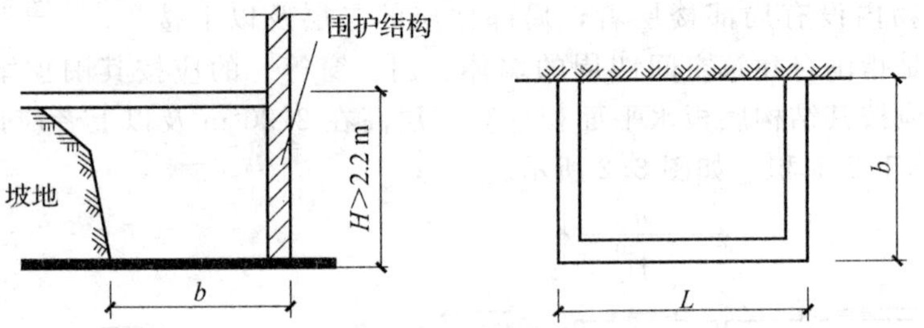

图 3.4　吊脚架空层示意图

（7）建筑物的门厅、大厅按一层计算建筑面积。门厅、大厅内设有回廊（是指在建筑物门厅、大厅内设置在二层或二层以上的回形走廊）时，应按其结构底板水平面积计算（图 3.5）。层高在 2.20 m 及以上者应计算全面积；层高不足 2.20 m 者应计算 1/2 面积。

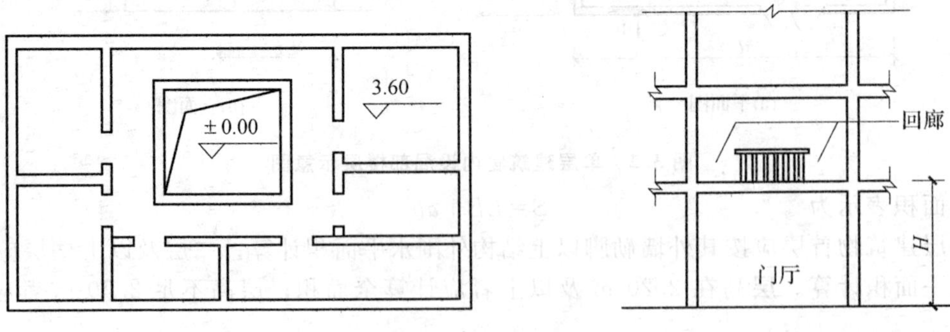

图 3.5　回廊示意图

【例 3.1】 某 3 层实验综合楼设有大厅带回廊，其平面和剖面示意图如图 3.6 所示。试计算其大厅和回廊的建筑面积。

解 如图 3.6 所示，计算如下：

大厅部分建筑面积＝（12－2.1×2）×（30－2.1×2）＝201.24（m^2）

回廊部分建筑面积＝（30×12－201.24）＝158.76（m^2）

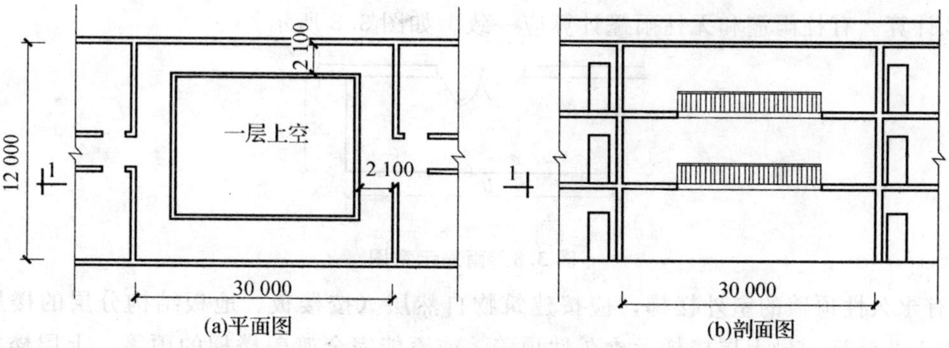

图 3.6 某实验楼大厅、回廊示意图

（8）建筑物间有围护结构的架空走廊，应按其围护结构外围水平面积计算。层高在 2.20 m 及以上者应计算全面积；层高不足 2.20 m 者应计算 1/2 面积。有永久性顶盖无围护结构的应按其结构底板水平面积的 1/2 计算。

（9）立体书库、立体仓库、立体车库，无结构层的应按一层计算，有结构层的应按其结构层面积分别计算。层高在 2.20 m 及以上者应计算全面积；层高不足 2.20 m 者应计算 1/2 面积。

（10）有围护结构的舞台灯光控制室，应按其围护结构外围水平面积计算。层高在 2.20 m 及以上者应计算全面积；层高不足 2.20 m 者应计算 1/2 面积。

（11）建筑物外有围护结构的落地橱窗（突出外墙面根基落地的橱窗）、门斗（在建筑物出入口设置的起分隔、挡风、御寒等作用的建筑过渡空间）、挑廊（挑出建筑物外墙的水平交通空间）、走廊（建筑物的水平交通空间）、檐廊（设置在建筑物底层出檐下的水平交通空间），应按其围护结构外围水平面积计算。层高在 2.20 m 及以上者应计算全面积；层高不足 2.20 m 者应计算 1/2 面积。有永久性顶盖无围护结构的应按其结构底板水平面积的 1/2 计算。如图 3.7 所示。

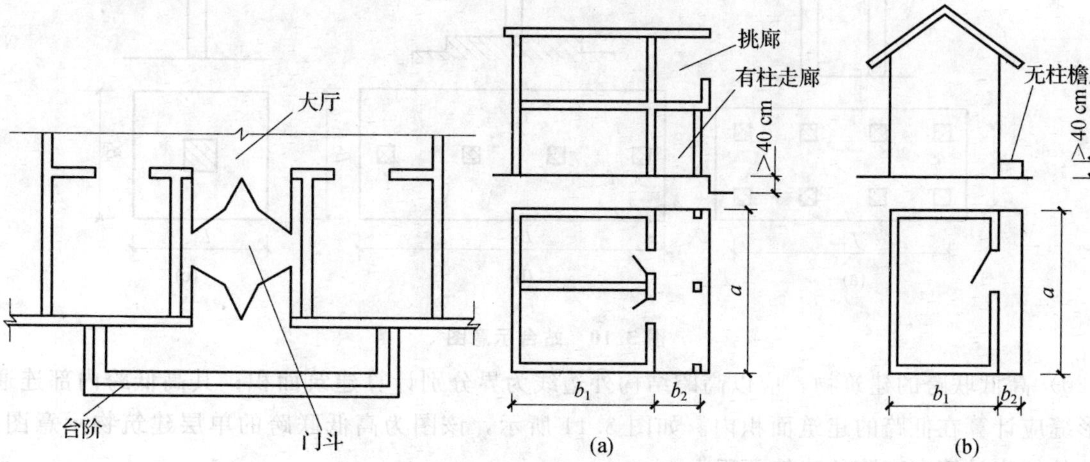

图 3.7 门斗、挑廊、檐廊示意图

（12）有永久性顶盖无围护结构的场馆、看台应按其顶盖水平投影面积的 1/2 计算。

（13）建筑物顶部有围护结构的楼梯间、水箱间、电梯机房等，层高在 2.20 m 及以上者应计算全面积；层高不足 2.20 m 者应计算 1/2 面积。

(14) 设有围护结构不垂直于水平面而超出底板外沿的建筑物，应按其底板面的外围水平面积计算。层高在 2.20 m 及以上者应计算全面积；层高不足 2.20 m 者应计算 1/2 面积。

(15) 建筑物内的室内楼梯间、电梯井、观光电梯井、提物井、管道井、通风排气竖井、垃圾道、附墙烟囱应按建筑物的自然层计算。

(16) 雨篷结构的外边线至外墙结构外边线的宽度超过 2.10 m 者，应按雨篷结构板的水平投影面积的 1/2 计算。有柱雨篷和无柱雨篷计算应一致。如图 3.8 所示。

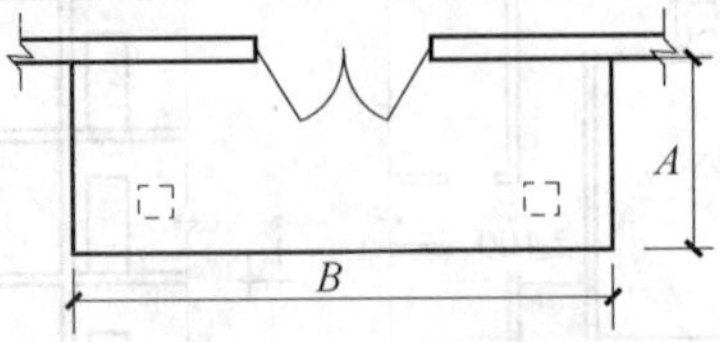

图 3.8　雨篷示意图

(17) 有永久性顶盖的室外楼梯，应按建筑物自然层（按楼板、地板结构分层的楼层）的水平投影面积的 1/2 计算。最上层楼梯无永久性顶盖，或不能完全遮盖楼梯的雨篷，上层楼梯不计算面积，上层楼梯可视为下层楼梯的永久性顶盖，下层楼梯应计算面积。

(18) 建筑物的阳台均应按其水平投影面积的 1/2 计算。如图 3.9 所示。

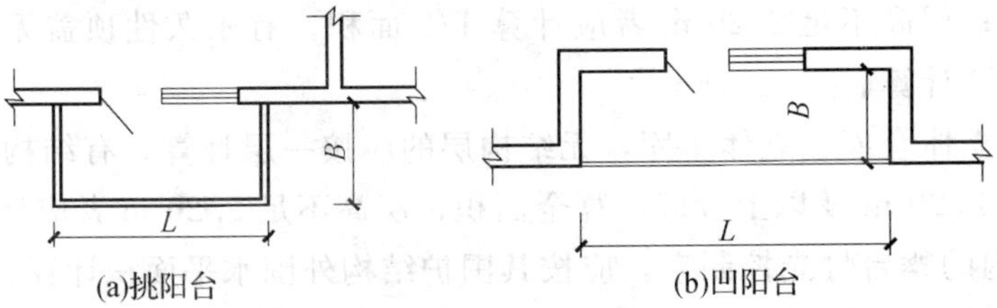

图 3.9　阳台示意图

(19) 有永久性顶盖无围护结构的车棚、货棚、站台、加油站、收费站等，应按其顶盖水平投影面积的 1/2 计算。如图 3.10 所示。

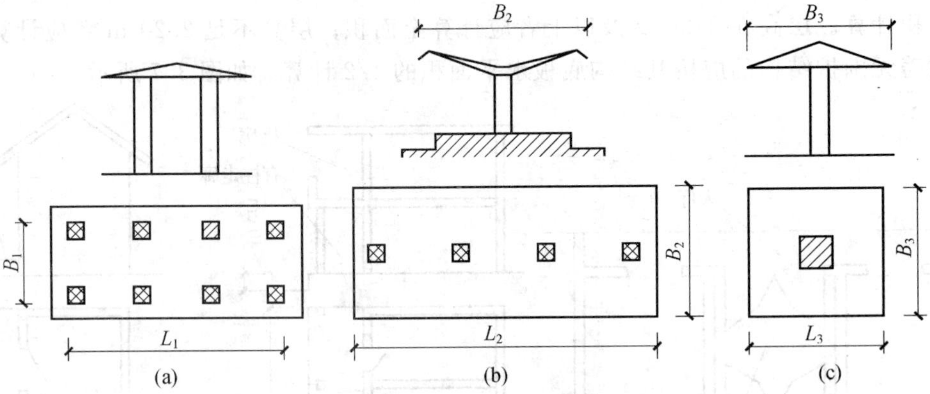

图 3.10　站台示意图

(20) 高低联跨的建筑物，应以高跨结构外边线为界分别计算建筑面积；其高低跨内部连通时，其变形缝应计算在低跨的建筑面积内。如图 3.11 所示，该图为高低联跨的单层建筑物示意图，高低跨处的柱应计算在高跨的建筑面积内。

其高跨部分的建筑面积为：$S_1=LB_2$；低跨部分的建筑面积为：$S_2=L(B_1+B_2)$。

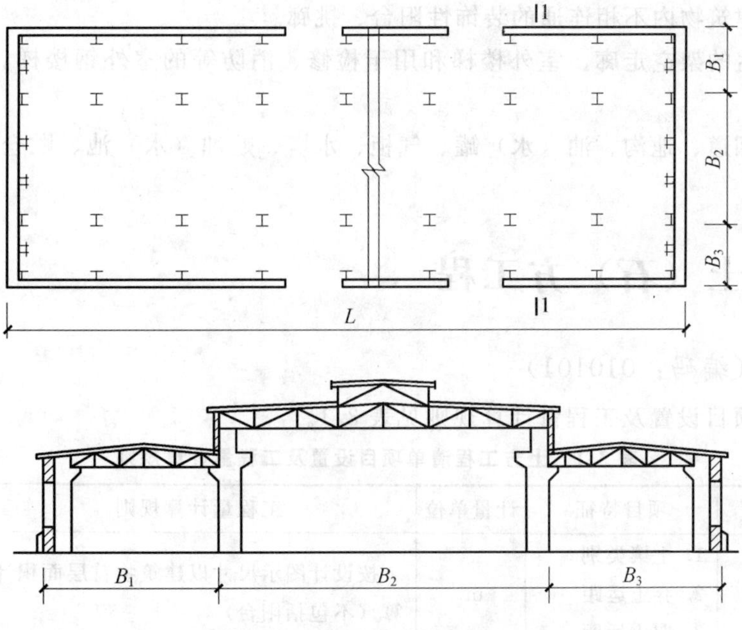

图 3.11 三跨单层厂房示意图

【例 3.2】 某单层厂房平面和剖面示意图如图 3.12 所示，该厂房总长为 60 500 mm；高低跨柱的中心线长分别为 1 500 mm 和 9 000 mm，中柱及高跨边柱断面尺寸为 400 mm×600 mm，低跨边柱断面尺寸为 400 mm×400 mm，墙厚为 370 mm，试分别计算该厂房高跨和低跨的建筑面积。

解 根据图 3.12 所示，计算如下：

高跨部分：$S_1=60.5\times(15+0.30+0.3+0.37)=966.19\ (m^2)$

低跨部分：$S_2=60.5\times(9-0.3+0.2+0.37)=560.84\ (m^2)$

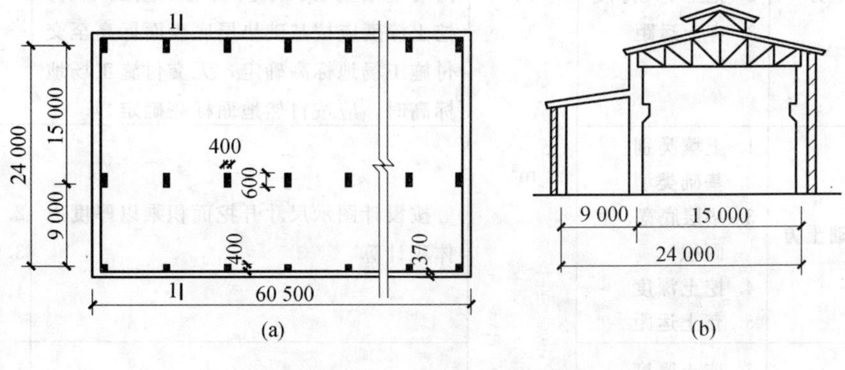

图 3.12 单层厂房平面和剖面示意图

(21) 以幕墙作为围护结构的建筑物，应按幕墙外边线计算建筑面积。

(22) 建筑物外墙外侧有保温隔热层的，应按保温隔热层外边线计算建筑面积。

(23) 建筑物内的变形缝，应按其自然层合并在建筑物面积内计算。

(24) 下列项目不应计算面积：

①建筑物通道、骑楼（楼层部分跨在人行道上的临街楼房）、过街楼（有道路穿过建筑空间的楼房）的底层、建筑物内的设备管道夹层。

②建筑物内分隔的单层房间、舞台及后台悬挂幕布、布景的天桥、挑台等。

③屋顶水箱、花架、凉棚、露台、露天游泳池。

④建筑物内的操作平台、上料平台、安装箱和罐体的平台。

⑤勒脚、附墙柱、垛、台阶、墙面抹灰、装饰面、镶贴块料面层、装饰性幕墙、空调机外机搁板（箱）、飘窗（为房间采光和美化造型而设置的突出外墙的窗）、构件、配件、宽度在 2.10 m 及

以内的雨篷以及与建筑物内不相连通的装饰性阳台、挑廊。

⑥无永久性顶盖的架空走廊、室外楼梯和用于检修、消防等的室外钢楼梯、爬梯、自动扶梯、自动人行道。

⑦独立烟囱、烟道、地沟、油（水）罐、气柜、水塔、贮油（水）池、贮仓、栈桥、地下人防通道、地铁隧道。

3.2 土（石）方工程

1. 土方工程（编码：010101）

土方工程清单项目设置及工程量计算规则见表 3.1。

表 3.1 土方工程清单项目设置及工程量计算规则

项目编码	项目名称	项目特征	计量单位	工程量计算规则	工程内容
010101001	平整场地	1. 土壤类别 2. 弃土运距 3. 取土运距	m^2	按设计图示尺寸以建筑物首层面积计算（不包括阳台）	1. 土方挖填 2. 场地找平 3. 运输
010101001	平整场地	1. 土壤类别 2. 弃土运距 3. 取土运距		按设计图示尺寸以体积计算	1. 排地表水 2. 土方开挖 3. 挡土板支拆 4. 截桩头 5. 基底钎探 6. 运输
010101002	挖土方	1. 土壤类别 2. 挖土平均厚度 3. 弃土运距		按设计图示尺寸以基础垫层底面积乘以挖土深度计算（当基础为带形基础时，外墙基础垫层长取外墙中心线长，内墙基础垫层长取内墙基础垫层净长。挖土深度应按基础垫层底表面标高至交付施工场地标高确定，无交付施工场地标高时，应按自然地面标高确定。）	
010101003	挖基础土方	1. 土壤类别 2. 基础类型 3. 垫层底宽、底面积 4. 挖土深度 5. 弃土运距	m^3	按设计图示尺寸开挖面积乘以厚度以体积计算	1. 打眼、装药、爆破 2. 开挖 3. 清理 4. 运输
010101004	冻土开挖	1. 冻土厚度 2. 弃土运距		按设计图示位置、界限以体积计算	1. 挖淤泥、流沙 2. 弃淤泥、流沙
010101005	挖淤泥、流沙	1. 挖掘深度 2. 弃淤泥、流沙距离		按设计图示以管道中心线长度计算	1. 排地表水 2. 土方开挖 3. 挡土板支拆 4. 运输 5. 回填

2. 石方工程（编码：010102）

石方工程清单项目设置及工程量计算规则见表 3.2。

表 3.2 石方工程清单项目设置及工程量计算规则

项目编码	项目名称	项目特征	计量单位	工程量计算规则	工程内容
010102001	预裂爆破	1. 岩石类别 2. 单孔深度 3. 单孔装药量 4. 炸药品种、规格 5. 雷管品种、规格	m	按设计图示以钻孔总长度计算	1. 打眼、装药、放炮 2. 处理渗水、积水 3. 安全防护、警卫
010102002	石方开挖	1. 岩石类别 2. 开凿深度 3. 弃碴运距 4. 光面爆破要求 5. 基底摊座要求 6. 爆破石块直径要求	m^3	按设计图示尺寸以体积计算	1. 打眼、装药、放炮 2. 处理渗水、积水 3. 解小 4. 岩石开凿 5. 摊座 6. 清理 7. 运输 8. 安全防护、警卫
010102003	管沟石方	1. 岩石类别 2. 管外径 3. 开凿深度 4. 弃碴运距 5. 基底摊座要求 6. 爆破石块直径要求	m	按设计图示以管道中心线长度计算	1. 石方开凿、爆破 2. 处理渗水、积水 3. 解小 4. 摊座 5. 清理、运输、回填 6. 安全防护、警卫

备注：解小是指石方爆破工程中，设计对爆破后的石块有最大粒径的规定，对超过设计规定的最大粒径的石块，或不便于装车运输的石块，进行再爆破称“解小”或称“二次爆破”。

3. 土石方回填（编码：010103）

土石方回填工程清单项目设置及工程量计算规则见表 3.3。

表 3.3 土石方回填工程清单项目设置及工程量计算规则

项目编码	项目名称	项目特征	计量单位	工程量计算规则	工程内容
010103001	土（石）方回填	1. 土质要求 2. 密实度要求 3. 粒径要求 4. 夯填（碾压） 5. 松填 6. 运输距离	m^3	按设计图示尺寸以体积计算；该项目适用于场地回填、室内回填和基础回填。 注：1. 场地回填：回填面积乘以平均回填厚度。 2. 室内回填：主墙间净面积乘以回填厚度。 3. 基础回填：挖方体积减去设计室外地坪以下埋没的基础体积（包括基础垫层及其他构筑物）。	1. 挖土（石）方 2. 装卸、运输 3. 回填 4. 分层碾压、夯实

4. 土石方体积

土石方体积应按挖掘前的天然密实体积计算。如需按天然密实体积折算时，应按表 3.4 系数计算。

表 3.4 土石方体积折算系数表

天然密实度体积	虚方体积	夯实后体积	松填体积
1.00	1.30	0.87	1.08
0.77	1.00	0.67	0.83
1.15	1.49	1.00	1.24
0.93	1.20	0.81	1.00

5. 相关问题

(1) 挖土方平均厚度应按自然地面测量标高至设计地坪标高间的平均厚度确定。基础土方、石方开挖深度应按基础垫层底表面标高至交付施工场地标高确定，无交付施工场地标高时，应按自然地面标高确定。

(2) 建筑物场地厚度在±30 cm 以内的挖、填、运、找平，应按相应平整场地项目编码列项。

(3) 挖基础土方包括带形基础、独立基础、满堂基础（包括地下室基础）及设备基础、人工挖孔桩等的挖方。条形基础应按不同底宽和深度，独立基础和满堂基础应按不同底面积和深度分别编码列项。注意：

①土方体积按挖掘前的天然密实体积计算。

②条形基础的挖土应按不同底宽和深度，独立基础和满堂基础应按不同底面积和深度分别编码列项。

③按上式计算的工程量中未包括根据施工方案规定的放坡、操作工作面和机械挖土进出施工工作面的坡道等增加的挖土量，其挖土增量及相应弃土增量的费用应包括在基础土方报价内。

④桩间挖土方工程量中不扣除桩所占的体积。

⑤指定范围内的土方运输是指由招标人指定的弃土地点或取土地点的运距。若招标文件规定由投标人确定弃土地点或取土地点时，此条件不必在工程量清单中描述，但其运输费用应包含在报价内。

(4) 管沟土（石）方工程量应按设计图示尺寸以中心线长度计算。有管沟设计时，平均深度以沟垫层底表面标高至交付施工场地标高计算；无管沟设计时，直埋管深度应按管底外表面标高至交付施工场地标高的平均高度计算。

(5) 设计要求采用减震孔方式减弱爆破震动波时，应按相应预裂爆破项目编码列项。

(6) 湿土的划分应按地质资料提供的地下常水位为界，地下常水位以下为湿土。

(7) 挖方出现流沙、淤泥时，可根据实际情况由发包人与承包人双方认证。

【例 3.3】 某建筑物基础平面及剖面如图 3.13 所示。已知土壤类别为Ⅱ类土，土方运距 3 km，条形基础下设 C15 素混凝土垫层。试计算其挖基础土方的清单工程量、施工方案工程量并列出挖基础土方清单。

解 (1) 挖基础土方清单工程量

清单工程量是指按工程量清单计价规范由招标人计算的工程量。

由图 3.13 可以看出，本工程设计为带形基础。为保证挖土体积的准确计算，外墙基础垫层长取外墙中心线长，内墙基础垫层长取内墙下垫层间净长。其中，外墙中心线是指外墙中线至中线之间的距离。本例中，外墙墙厚 240 mm，其中线与定位轴线重合，则外墙中心线长即为定位轴线长。

外墙中心线长＝（3.5×2＋3.3×2）×2＝13.6×2＝27.2（m）

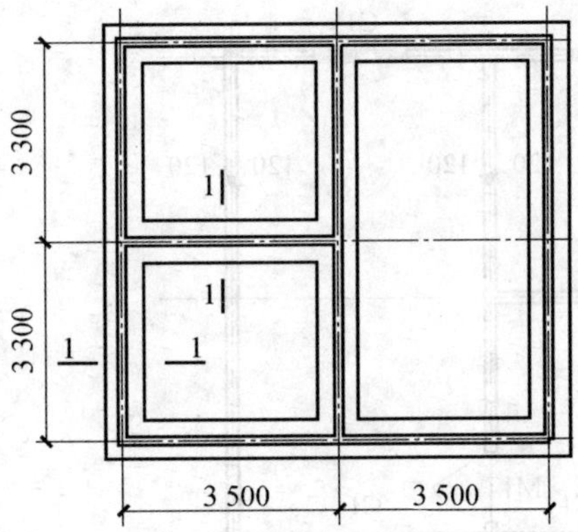

(a)平面图

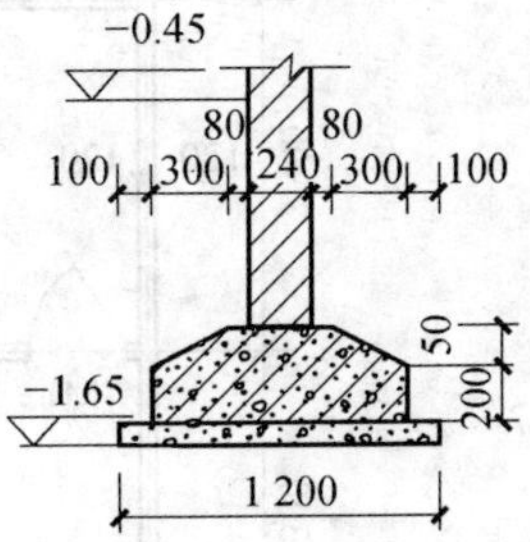

(b)1—1剖面图

图 3.13 基础平面及剖面图

内墙垫层间净长＝3.5－0.6×2＋3.3×2－0.6×2＝7.7（m）

挖基础土方清单工程量＝基础垫层长×基础垫层宽×挖土深度

＝（27.2＋7.7）×1.2×（1.65－0.45）

＝34.9×1.2×1.2＝50.26（m^3）

（2）挖基础土方施工方案工程量

施工方案工程量是指按施工现场的实际施工情况由投标人计算的工程量。投标人按此工程量报价。

本例中设计采用C15素混凝土垫层，假设C15素混凝土垫层施工时支模板所需的工作面宽度为300 mm；因挖土深为1.2 m，所以不需放坡。则

槽底宽＝1.2＋0.3×2＝1.8（m）

外墙中心线长＝27.2（m）

内墙下基槽槽底净长＝$3.5-\frac{1.8}{2}\times2+6.6-\frac{1.8}{2}\times2=6.5$（m）

挖基础土方施工方案工程量＝挖土长×槽底宽×挖土深度

＝（27.2＋6.5）×1.8×1.2

＝72.79（m^3）

（3）挖基础土方工程量清单见表3.5。

表 3.5 挖基础土方工程量清单

序号	项目编码	项目名称	计量单位	工程数量
		A.1土（石）方工程		
1	010101003001	挖基础土方 土壤类别：Ⅱ类土 基础类型：钢筋混凝土条形基础 素混凝土垫层：长度34.9 m，宽度1.20 m 挖土深度：1.2 m 弃土运距：3 km	m^3	50.26

【例3.4】 接上。图3.14所示为某建筑物平面图。已知图中室外地坪以下C10混凝土垫层体积为4.19 m^3、钢筋混凝土基础体积为10.83 m^3、砖基础体积为6.63 m^3；室内地面标高为±0.00，地面厚220 mm。试计算土方回填清单工程量、施工方案工程量并列出土方回填清单。（M1洞口尺寸为900 mm×2100 mm）

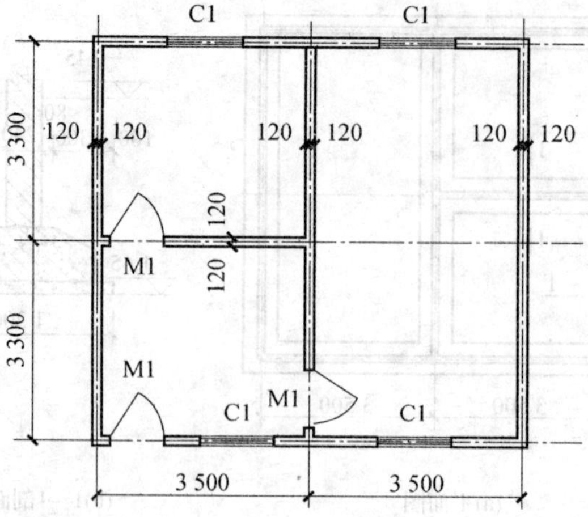

图 3.14　某建筑物平面图

解　(1) 土方回填清单工程量

土方基础回填工程量＝挖土体积－设计室外地坪以下埋设的基础、垫层体积

＝50.26（上例中的计算数据）－10.83－6.63－4.19

＝28.61（m^3）

土方室内回填工程量＝主墙间净面积×回填厚度

＝[（3.5－0.24）×（3.3－0.24）×2＋（3.5－0.24）×（6.6－0.24）]×（0.45－0.22）

＝40.68×0.23＝9.36（m^3）

(2) 土方回填施工方案工程量

由图 3.14 可知：

基础土方回填工程量＝挖土体积－设计室外地坪以下埋设的基础、垫层体积

＝72.79（上例中的计算数据）－10.83－6.63－4.19

＝51.14（m^3）

室内土方回填工程量＝主墙间净面积×回填厚度＋门洞开口面积

＝[（3.5－0.24）×（3.3－0.24）×2＋（3.5－0.24）×（6.6－0.24）＋0.9×0.24×3（门洞开口面积）]×（0.45－0.22）

＝（40.68＋0.65）×0.23＝9.51 m^3

(3) 土方回填工程量清单见表 3.6。

表 3.6　土方回填工程量清单

序号	项目编码	项目名称	计量单位	工程数量
		A.1 土（石）方工程		
1	010103001001	基础土方回填 回填土夯填 土方运距 5 km	m^3	28.61
2	010103001002	室内土方回填 回填土分层夯填 土方运距 5 km	m^3	9.36

3.3 桩与地基基础工程

3.3.1 桩工程清单项目设置及工程量计算规则

1. 混凝土桩（编码：010201）

混凝土桩工程清单项目设置及工程量计算规则见表 3.7。

表 3.7 混凝土桩工程清单项目设置及工程量计算规则

项目编码	项目名称	项目特征	计量单位	工程量计算规则	工程内容
010201001	预制钢筋混凝土桩	1. 土壤级别 2. 单桩长度、根数 3. 桩截面 4. 板桩面积 5. 管桩填充材料种类 6. 桩倾斜度 7. 混凝土强度等级 8. 防护材料种类	m/根	按设计图示尺寸以桩长（包括桩尖）或根数计算	1. 桩制作、运输 2. 打桩、试验桩、斜桩 3. 送桩 4. 管桩填充材料、刷防护材料 5. 清理、运输
010201002	接桩	1. 桩截面 2. 接头长度 3. 接桩材料	个/m	按设计图示规定以接头数量板桩按接头长度计算	1. 桩制作、运输 2. 接桩、材料运输
010201003	混凝土灌注桩	1. 土壤级别 2. 单桩长度、根数 2. 桩截面 3. 成孔方法 4. 混凝土强度等级	m/根	按设计图示尺寸以桩长（包括桩尖）或根数计算	1. 成孔、固壁 2. 混凝土制作、运输、灌注、振捣、养护 3. 泥浆及沟槽砌筑、拆除 4. 泥浆制作、运输 5. 清理、运输

2. 其他桩（编码：010202）

其他桩工程清单项目设置及工程量计算规则见表3.8。

表3.8 其他桩工程清单项目设置及工程量计算规则

项目编码	项目名称	项目特征	计量单位	工程量计算规则	工程内容
010202001	砂石灌注桩	1. 土壤级别 2. 桩长 3. 桩截面 4. 成孔方法 5. 砂石级配	m	按设计图示尺寸以桩长（包括桩尖）计算	1. 成孔 2. 砂石运输 3. 填充 4. 振实
010202002	灰土挤密桩	1. 土壤级别 2. 桩长 3. 桩截面 4. 成孔方法 5. 灰土级配			1. 成孔 2. 灰土拌和、运输 3. 填充 4. 夯实
010202003	旋喷桩	1. 桩长 2. 桩截面 3. 水泥强度等级			1. 成孔 2. 水泥浆制作、运输 3. 水泥浆旋喷
010202004	喷粉桩	1. 桩长 2. 桩截面 3. 粉体种类 4. 水泥强度等级 5. 石灰粉要求			1. 成孔 2. 粉体运输 3. 喷粉固化

3.3.2 地基与边坡处理

地基与边坡处理（编码：010203）见表 3.9。

表 3.9 地基与边坡处理

项目编码	项目名称	项目特征	计量单位	工程量计算规则	工程内容
010203001	地下连续墙	1. 墙体厚度 2. 成槽深度 3. 混凝土强度等级	m^3	按设计图示墙中心线长乘以厚度乘以槽深以体积计算	1. 挖土成槽、余土运输 2. 导墙制作、安装 3. 锁口管吊拔 4. 浇注混凝土连续墙 5. 材料运输
010203002	振冲灌注碎石	1. 振冲深度 2. 成孔直径 3. 碎石级配	m^3	按设计图示孔深乘以孔截面积以体积计算	1. 成孔 2. 碎石运输 3. 灌注、振实
010203003	地基强夯	1. 夯击能量 2. 夯击遍数 3. 地耐力要求 4. 夯填材料种类	m^2	按设计图示尺寸以面积计算	1. 铺夯填材料 2. 强夯 3. 夯填材料运输
010203004	锚杆支护	1. 锚孔直径 2. 锚孔平均深度 3. 锚固方法、浆液种类 4. 支护厚度、材料种类 5. 混凝土强度等级 6. 砂浆强度等级	m^2	按设计图示尺寸以支护面积计算	1. 钻孔 2. 浆液制作、运输、压浆 3. 张拉锚固 4. 混凝土制作、运输、喷射、养护 5. 砂浆制作、运输、喷射、养护
010203005	土钉支护	1. 支护厚度、材料种类 2. 混凝土强度等级 3. 砂浆强度等级	m^2	按设计图示尺寸以支护面积计算	1. 钉土钉 2. 挂网 3. 混凝土制作、运输、喷射、养护 4. 砂浆制作、运输、喷射、养护

3.4 砌筑工程

3.4.1 砌筑工程相关资讯

1. 基础与墙身划分

基础与墙身划分见表3.10。

表 3.10 基础与墙身划分

砖	基础与墙身	基础与墙身使用同一种材料	设计室内地坪为界（有地下室的按地下室室内设计地坪为界），以下为基础，以上为墙身
		基础与墙身使用不同材料	材料分界线位于设计室内地坪±300 mm以内时，以不同材料为界；超过±300 mm时，以设计室内地坪为界，以下为基础，以上为墙身
	基础与围墙		设计室外地坪为界，以下为基础，以上为墙身
石	基础与勒脚		设计室外地坪为界，以下为基础，以上为勒脚
	勒脚与墙身		设计室内地坪为界，以下为勒脚，以上为墙身
	基础与围墙		围墙内外地坪标高不同时，应以较低地坪标高为界，以下为基础；围墙内外标高之差为挡土墙时，挡土墙以上为墙身

2. 标准墙计算厚度表

标准墙计算厚度表见表3.11。

表 3.11 标准墙计算厚度表

砖数（厚度）	1/4	1/2	3/4	1	$1\frac{1}{2}$	2	$2\frac{1}{2}$	3
计算厚度/mm	53	115	180	240	365	490	615	740

（1）墙体高度计算规定

墙体高度计算规定见表3.12。

表 3.12 墙体高度计算规定

墙体名称	屋面类型		墙体高度计算方法
外墙	坡屋面	无檐口天棚	算至屋面板底
		有屋架且室内外均有天棚	算至屋架下弦另加200 mm
		有屋架无天棚	算至屋架下弦另加300 mm
		出檐宽度≥600 mm	按实砌高度计算
	平屋面		算至钢筋混凝土板底
内墙	位于屋架下弦		算至屋架底
	无屋架		算至天棚底另加100 mm
	有钢筋混凝土楼板隔层		算至板顶
	有框架梁		算至梁底
山墙			按平均高度计算
女儿墙	砖压顶		屋面板上表面算至压顶上表面
	钢筋混凝土压顶		屋面板上表面算至压顶下表面
围墙	砖压顶		算至压顶上表面
	钢筋混凝土压顶		算至压顶下表面

(2) 墙体体积计算中的有关规定

墙体体积计算中的有关规定见表 3.13。

表 3.13 墙体体积计算中的有关规定

增加体积	凸出墙面的砖垛及附墙烟囱、通风道、垃圾道(扣除孔洞所占体积)的体积
扣除体积	门窗洞口、过人洞、空圈、嵌入墙内的钢筋混凝土柱、梁、圈梁、挑梁、过梁及凹进墙内的壁龛、管槽、暖气槽、消火栓箱所占体积
不增加体积	凸出墙面的腰线、挑檐、压顶、窗台线、虎头砖、门窗套的体积
不扣除体积	梁头、板头、檩头、垫木、木楞头、檐椽木、木砖、门窗走头、砖墙内的加固钢筋、木筋、铁件、钢管及单个面积 0.3 m² 以内的孔洞所占体积

注:①附墙烟囱、通风道、垃圾道的孔洞内,当设计规定需抹灰时,应单独按装饰工程清单项目编码列项。

②不论三皮砖以上或以下的腰线、挑檐,其体积都不计算;压顶突出墙面部分不计算体积,凹进墙面部分也不扣除。

③砌体内加筋的制作、安装,应按混凝土及钢筋混凝土工程中相关项目编码列项。

④墙内砖过梁体积不扣除,其费用包含在墙体报价中。

3. 折加高度

$$折加高度 = \frac{大放脚增加面积}{基础墙墙厚}$$

大放脚:是指从基础墙断面上看单边或两边阶梯形的放出部分。根据每步放脚的高度是否相等,分为等高式和间隔式两种(图 3.15)。

计算公式为:大放脚基础工程量=基础长度×墙基厚度×(基础高度+折算高度)

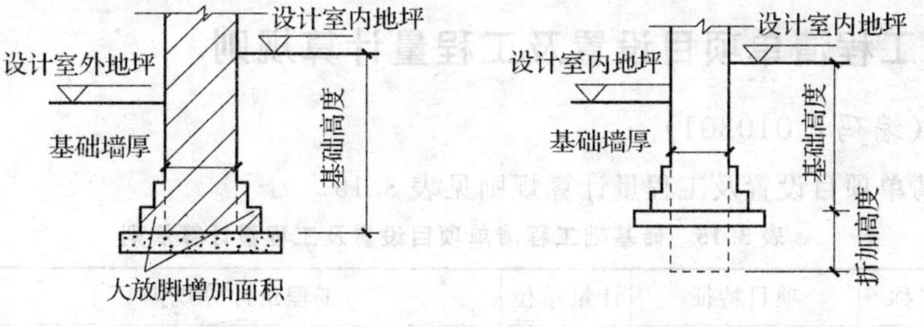

(a)等高式大放脚　　(b)折加高度示意图

图 3.15 基础放脚示意图

4. 等高、间隔式墙基大放脚折加高度和大放脚增加断面积

等高、间隔式墙基大放脚折加高度和大放脚增加断面积见表 3.14。

表 3.14 等高、间隔式墙基大放脚折加高度和大放脚增加断面积

放脚层高	折加高度/m												增加的断面积/m²	
	$\frac{1}{2}$ 砖 (0.115)		1 砖 (0.24)		$1\frac{1}{2}$ 砖 (0.365)		2 砖 (0.49)		$2\frac{1}{2}$ 砖 (0.615)		3 砖 (0.74)			
	等高	间隔式	等高	间隔式	等高	间隔式	等高	间隔式	等高	间隔式	等高	间隔式	等高	间隔式
一	0.137	0.137	0.066	0.066	0.043	0.043	0.032	0.032	0.026	0.026	0.021	0.021	0.015 75	0.0157 5
二	0.411	0.342	0.197	0.164	0.129	0.108	0.096	0.080	0.077	0.064	0.064	0.053	0.047 25	0.039 38
三			0.394	0.328	0.259	0.216	0.193	0.161	0.154	0.128	0.128	0.106	0.094 5	0.078 75

续表 3.14

放脚层高	折加高度/m												增加断面/m²	
	$\frac{1}{2}$ 砖（0.115）		1 砖（0.24）		$1\frac{1}{2}$ 砖（0.365）		2 砖（0.49）		$2\frac{1}{2}$ 砖（0.615）		3 砖（0.74）			
	等高	间隔式	等高	间隔式	等高	间隔式	等高	间隔式	等高	间隔式	等高	间隔式	等高	间隔式
四			0.656	0.525	0.432	0.345	0.321	0.253	0.256	0.205	0.213	0.170	0.157 5	0.126
五			0.984	0.788	0.647	0.518	0.482	0.380	0.384	0.307	0.319	0.255	0.236 3	0.189
六			1.378	1.083	0.906	0.712	0.672	0.530	0.538	0.419	0.447	0.351	0.330 8	0.259 9
七			1.838	1.444	1.208	0.949	0.900	0.707	0.717	0.563	0.596	0.468	0.441	0.346 5
八			2.363	1.838	1.553	1.208	1.157	0.900	0.922	0.717	0.766	0.596	0.567	0.441 1
九			2.953	2.297	1.942	1.510	1.447	1.125	1.153	0.896	0.958	0.745	0.708 8	0.551 3
十			3.610	2.789	2.372	1.834	1.768	1.366	1.409	1.088	1.171	0.905	0.866 3	0.669 4

注：等高式每层放脚高度为（53＋10）×2＝126 mm，放脚宽度为 $\frac{1}{4}$×（240＋10）＝62.5 mm

间隔式放脚高度为（53＋10）×2＝126 mm 和 53＋10＝63 mm 相间隔。宽度同等高式。

3.4.2 砌筑工程清单项目设置及工程量计算规则

1. 砖基础（编码：010301）

砖基础工程清单项目设置及工程量计算规则见表 3.15。

表 3.15 砖基础工程清单项目设置及工程量计算规则

项目编码	项目名称	项目特征	计量单位	工程量计算规则	工程内容
010301001	砖基础	1. 砖品种、规格、强度等级 2. 基础类型 3. 基础深度 4. 砂浆强度等级	m³	按设计图示尺寸以体积计算。包括附墙垛基础宽出部分体积，扣除地梁（圈梁）、构造柱所占体积，不扣除基础大放脚 T 形接头处的重叠部分及嵌入基础内的钢筋、铁件、管道、基础砂浆防潮层和单个面积 0.3 m² 以内的孔洞所占体积，靠墙暖气沟的挑檐不增加。 基础长度：外墙按中心线，内墙按净长线计算。	1. 砂浆制作、运输 2. 砌砖 3. 防潮层铺设 4. 材料运输

2. 砖砌体（编码：010302）

砖砌体工程清单项目设置及工程量计算规则见表 3.16。

表 3.16 砖砌体工程清单项目设置及工程量计算规则

项目编码	项目名称	项目特征	计量单位	工程量计算规则	工程内容
010302001	实心砖墙	1. 砖品种、规格、强度等级 2. 墙体类型 3. 墙体厚度 4. 墙体高度 5. 勾缝要求 6. 砂浆强度等级、配合比	m^3	按设计图示尺寸以体积计算。扣除门窗洞口、过人洞、空圈、嵌入墙内的钢筋混凝土柱、梁、圈梁、挑梁、过梁及凹进墙内的壁龛、管槽、暖气槽、消火栓箱所占体积。不扣除梁头、板头、檩头、垫木、木楞头、沿缘木、木砖、门窗走头、砖墙内加固钢筋、木筋、铁件、钢管及单个面积 0.3 m^2 以内的孔洞所占体积。凸出墙面的腰线、挑檐、压顶、窗台线、虎头砖、门窗套的体积亦不增加。凸出墙面的砖垛并入墙体体积内计算。 1. 墙长度：外墙按中心线，内墙按净长计算。 2. 墙高度 （1）外墙：斜（坡）屋面无檐口天棚者算至屋面板底；有屋架且室内外均有天棚者算至屋架下弦底另加 200 mm；无天棚者算至屋架下弦底另加 300 mm，出檐宽度超过 600 mm时按实砌高度计算；平屋面算至钢筋混凝土板底。 （2）内墙：位于屋架下弦者，算至屋架下弦底；无屋架者算至天棚底另加 100 mm；有钢筋混凝土楼板隔层者算至楼板顶；有框架梁时算至梁底。 （3）女儿墙：从屋面板上表面算至女儿墙顶面（如有混凝土压顶时算至压顶下表面）。 （4）内、外山墙：按其平均高度计算。 3. 围墙：高度算至压顶上表面（如有混凝土压顶时算至压顶下表面），围墙柱并入围墙体积内。	1. 砂浆制作、运输 2. 砌砖 3. 勾缝 4. 砖压顶砌筑 5. 材料运输

续表 3.16

项目编码	项目名称	项目特征	计量单位	工程量计算规则	工程内容
010302002	空斗墙	1. 砖品种、规格、强度等级 2. 墙体类型 3. 墙体厚度 4. 勾缝要求 5. 砂浆强度等级、配合比	m^3	按设计图示尺寸以空斗墙外形体积计算，墙角、内外墙交接处、门窗洞口立边、窗台砖、屋檐处的实砌部分体积并入空斗墙体积内	1. 砂浆制作、运输 2. 砌砖 3. 装填充料 4. 勾缝 5. 材料运输
010302003	空花墙	1. 砖品种、规格、强度等级 2. 墙体类型 3. 墙体厚度 4. 勾缝要求 5. 砂浆强度等级		按设计图示尺寸以空花部分外形体积计算，不扣除空洞部分体积	
010302004	填充墙	1. 砖品种、规格、强度等级 2. 墙体厚度 3. 填充材料种类 4. 勾缝要求 5. 砂浆强度等级		按设计图示尺寸以填充墙外形体积计算	
010302005	实心砖柱	1. 砖品种、规格、强度等级 2. 柱类型 3. 柱截面 4. 柱高 5. 勾缝要求 6. 砂浆强度等级、配合比		按设计图示尺寸以体积计算。扣除混凝土及钢筋混凝土梁垫、梁头、板头所占体积	1. 砂浆制作、运输 2. 砌砖 3. 勾缝 4. 材料运输
010302006	零星砌砖	1. 零星砌砖名称、部位 2. 勾缝要求 3. 砂浆强度等级、配合比	m^3 （m^2、 m、个）		

零星砌体示意图如图 3.16 所示。

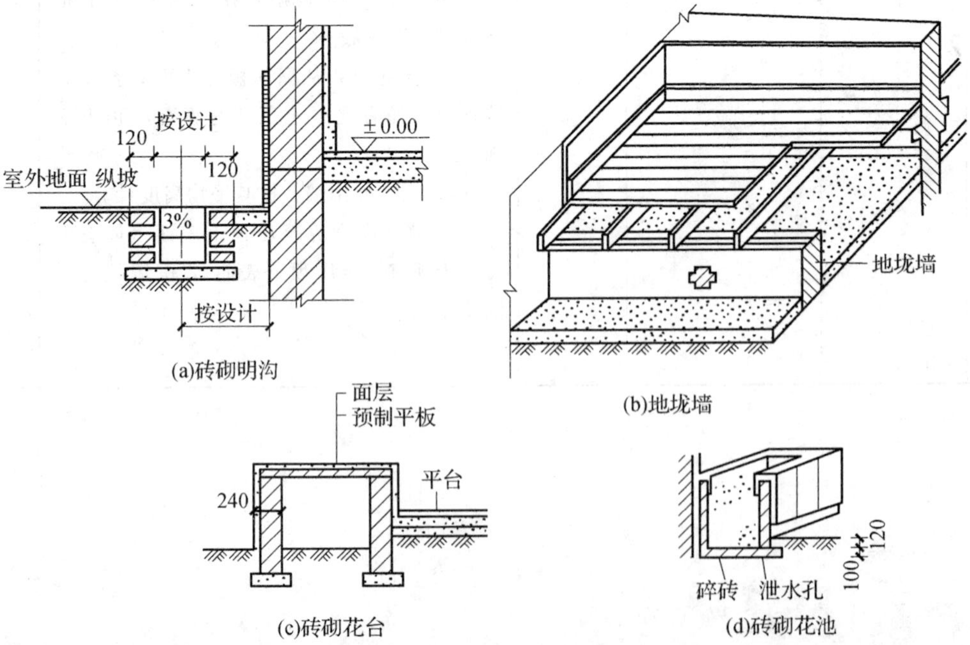

图 3.16　零星砌体示意图

3. 砌块砌体（编码：010303）

砌块砌体工程清单项目设置及工程量计算规则见表 3.17。

表 3.17　砌块砌体工程清单项目设置及工程量计算规则

项目编码	项目名称	项目特征	计量单位	工程量计算规则	工程内容
010303001	砖烟囱、水塔	1. 筒身高度 2. 砖品种、规格、强度等级 3. 耐火砖品种、规格 4. 耐火泥品种 5. 隔热材料种类 6. 勾缝要求 7. 砂浆强度等级、配合比	m^3	按设计图示筒壁平均中心线周长乘以厚度乘以高度以体积计算。扣除各种孔洞、钢筋混凝土圈梁、过梁等的体积	1. 砂浆制作、运输 2. 砌砖 3. 涂隔热层 4. 装填充料 5. 砌内衬 6. 勾缝 7. 材料运输
010303002	砖烟道	1. 烟道截面形状、长度 2. 砖品种、规格、强度等级 3. 耐火砖品种规格 4. 耐火泥品种 5. 勾缝要求 6. 砂浆强度等级、配合比		按图示尺寸以体积计算	
010303003	砖窨井、检查井	1. 井截面 2. 垫层材料种类、厚度 3. 底板厚度 4. 勾缝要求 5. 混凝土强度等级 6. 砂浆强度等级、配合比 7. 防潮层材料种类	座	按设计图示数量计算	1. 土方挖运 2. 砂浆制作、运输 3. 铺设垫层 4. 底板混凝土制作、运输、浇筑、振捣、养护 5. 砌砖 6. 勾缝 7. 井池底、壁抹灰 8. 抹防潮层 9. 回填 10. 材料运输
010303004	砖水池、化粪池	1. 池截面 2. 垫层材料种类、厚度 3. 底板厚度 4. 勾缝要求 5. 混凝土强度等级 6. 砂浆强度等级、配合比			

水塔、烟囱示意图如图 3.17 所示。

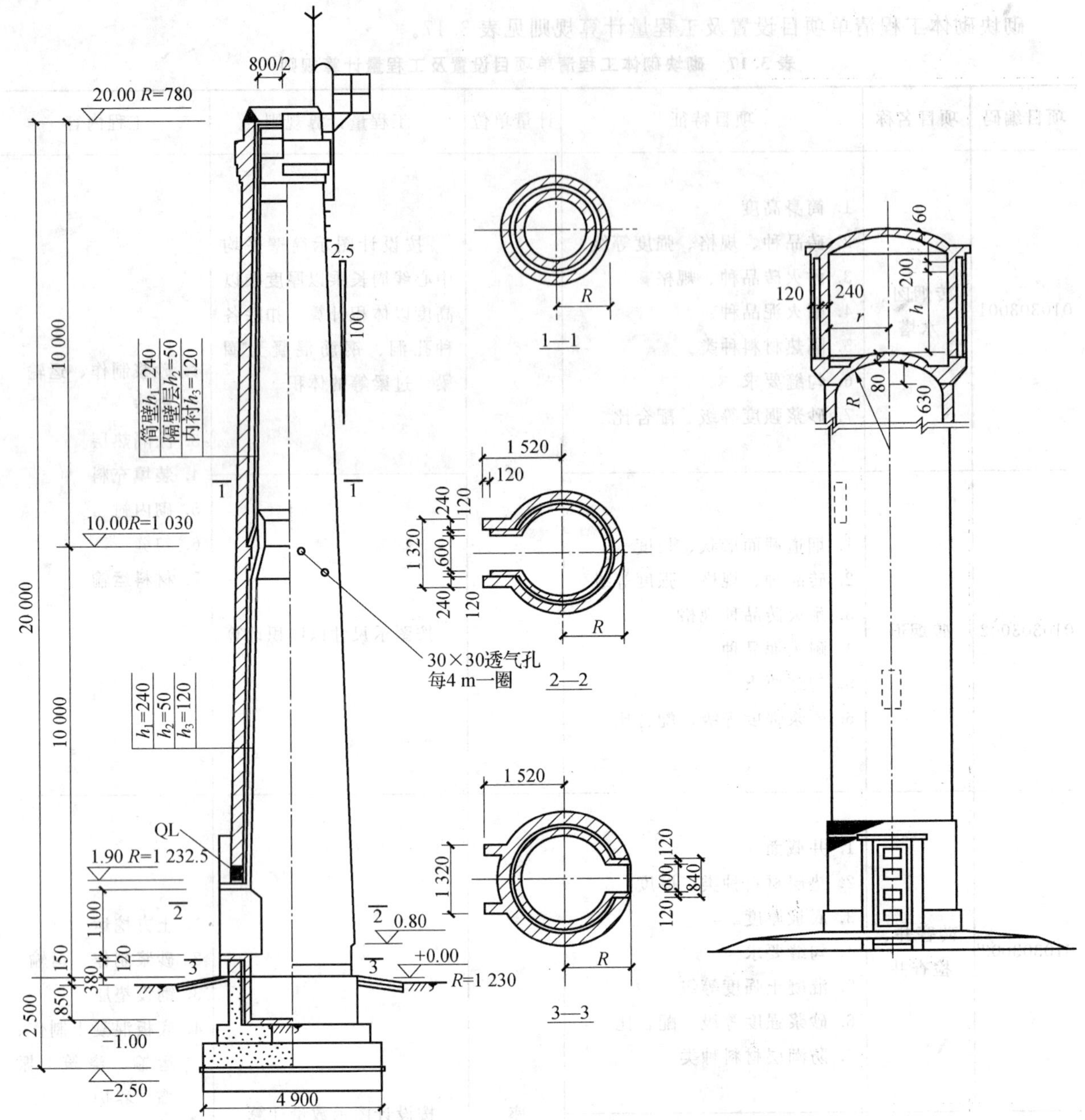

图 3.17 水塔、烟囱示意图

4. 砌块砌体（编码：010304）

砌块砌体工程清单项目设置及工程量计算规则见表3.18。

表3.18 砌块砌体工程清单项目设置及工程量计算规则

项目编码	项目名称	项目特征	计量单位	工程量计算规则	工程内容
010304001	空心砖墙、砌块墙	1. 墙体类型 2. 墙体厚度 3. 空心砖、砌块品种、规格、强度等级 4. 勾缝要求 5. 砂浆强度等级、配合比	m^3	按设计图示尺寸以体积计算。扣除门窗洞口、过人洞、空圈、嵌入墙内的钢筋混凝土柱、梁、圈梁、挑梁、过梁及凹进墙内的壁龛、管槽、暖气槽、消火栓箱所占体积，不扣除梁头、板头、檩头、垫木、木楞头、沿缘木、木砖、门窗走头、砖墙内加固钢筋、木筋、铁件、钢管及单个面积0.3 m^2以内的孔洞所占体积，凸出墙面的腰线、挑檐、压顶、窗台线、虎头砖、门窗套的体积不增加，凸出墙面的砖垛并入墙体体积内。 1. 墙长度：外墙按中心线，内墙按净长计算。 2. 墙高度 （1）外墙：斜（坡）屋面无檐口天棚者算至屋面板底；有屋架且室内外均有天棚者算至屋架下弦底另加200 mm；无天棚者算至屋架下弦底另加300 mm，出檐宽度超过600 mm时按实砌高度计算；平屋面算至钢筋混凝土板底。 （2）内墙：位于屋架下弦者，算至屋架下弦底；无屋架者算至天棚底另加100 mm；有钢筋混凝土楼板隔层者算至楼板顶；有框架梁时算至梁底。 （3）女儿墙：从屋面板上表面算至女儿墙顶面（如有压顶时算至压顶下表面）。 （4）内、外山墙：按其平均高度计算。 3. 围墙：高度算至压顶上表面（如有混凝土压顶时算至压顶下表面），围墙往并入围墙体积内。	1. 砂浆制作、运输 2. 砌砖、砌块 3. 勾缝 4. 材料运输
010304002	空心砖柱、砌块柱	1. 柱高度 2. 柱截面 3. 空心砖、砌块品种、规格、强度等级 4. 勾缝要求 5. 砂浆强度等级、配合比		按设计图示尺寸以体积计算。扣除混凝土及钢筋混凝土梁垫、梁头、板头所占体积	

5. 石砌体（编码：010305）

石砌体工程清单项目设置及工程量计算规则见表3.19。

表3.19 石砌体工程清单项目设置及工程量计算规则

项目编码	项目名称	项目特征	计量单位	工程量计算规则	工程内容
010305001	石基础	1. 石料种类、规格 2. 基础深度 3. 基础类型 4. 砂浆强度等级、配合比	m^3	按设计图示尺寸以体积计算。包括附墙垛基础宽出部分体积，不扣除基础砂浆防潮层及单个面积0.3 m^2以内的孔洞所占体积，靠墙暖气沟的挑檐不增加体积。基础长度：外墙按中心线，内墙按净长计算	1. 砂浆制作、运输 2. 砌石 3. 防潮层铺设 4. 材料运输
010305002	石勒脚	1. 石料种类、规格 2. 石表面加工要求 3. 勾缝要求 4. 砂浆强度等级、配合比		按设计图示尺寸以体积计算。扣除单个0.3 m^2以外的孔洞所占的体积	1. 砂浆制作、运输 2. 砌石 3. 石表面加工 4. 勾缝 5. 材料运输
010305003	石墙	1. 石料种类、规格 2. 墙厚 3. 石表面加工要求 4. 勾缝要求 5. 砂浆强度等级、配合比		按设计图示尺寸以体积计算。扣除门窗洞口、过人洞、空圈、嵌入墙内的钢筋混凝土柱、梁、圈梁、挑梁、过梁及凹进墙内的壁龛、管槽、暖气槽、消火栓箱所占体积，不扣除梁头、板头、檩头、垫木、木楞头、沿缘木、木砖、门窗走头、砖墙内加固钢筋、木筋、铁件、钢管及单个面积0.3 m^2以内的孔洞所占体积，凸出墙面的腰线、挑檐、压顶、窗台线、虎头砖、门窗套不增加体积，凸出墙面的砖垛并入墙体体积内。 1. 墙长度：外墙按中心线，内墙按净长计算。 2. 墙高度 （1）外墙：斜（坡）屋面无檐口天棚者算至屋面板底；有屋架且室内外均有天棚者算至屋架下弦底另加200 mm；无天棚者算至屋架下弦底另加300 mm，出檐宽度超过600 mm时按实砌高度计算；平屋面算至钢筋混凝土板底。 （2）内墙：位于屋架下弦者，算至屋架下弦底；无屋架者算至天棚底另加100mm；有钢筋混凝土楼板隔层者算至楼板顶；有框架梁时算至梁底。 （3）女儿墙：从屋面板上表面算至女儿墙顶面（如有压顶时算至压顶下表面）。 （4）内、外山墙：按其平均高度计算。 3. 围墙：高度算至压顶上表面（如有混凝土压顶时算至压顶下表面），围墙柱、砖压顶并入围墙体积内。	

续表 3.19

项目编码	项目名称	项目特征	计量单位	工程量计算规则	工程内容
010305004	石挡土墙	1. 石料种类、规格 2. 墙厚 3. 石表面加工要求 4. 勾缝要求 5. 砂浆强度等级、配合比	m^3	比按设计图示尺寸以体积计算	1. 砂浆制作、运输 2. 砌石 3. 压顶抹灰 4. 勾缝 5. 材料运输
010305005	石柱	1. 石料种类、规格 2. 柱截面 3. 石表面加工要求 4. 勾缝要求 5. 砂浆强度等级、配合比			1. 砂浆制作、运输 2. 砌石 3. 石表面加工 4. 勾缝 5. 材料运输
010305006	石栏杆		m	按设计图示以长度计算	
010305007	石护坡	1. 垫层材料种类、厚度 2. 石料种类、规格 3. 护坡厚度、高度 4. 石表面加工要求 5. 勾缝要求 6. 砂浆强度等级、配合比	m^3	按设计图示尺寸以体积计算	1. 铺设垫层 2. 石料加工 3. 砂浆制作、运输 4. 砌石 5. 石表面加工 6. 勾缝 7. 材料运输
010305008	石台阶				
010305009	石坡道		m^2	按设计图示尺寸以水平投影面积计算	
010305010	石地沟、石明沟	1. 沟截面尺寸 2. 垫层种类、厚度 3. 石料种类、规格 4. 石表面加工要求 5. 勾缝要求 6. 砂浆强度等级、配合比	m	按设计图示以中心线长度计算	1. 土石挖运 2. 砂浆制作、运输 3. 铺设垫层 4. 砌石 5. 石表面加工 6. 勾缝 7. 回填 8. 材料运输

6. 砖散水、地坪、地沟（编码：010306）

砖散水、地坪、地沟工程清单项目设置及工程量计算规则见表 3.20。

表 3.20 砖散水、地坪、地沟工程清单项目设置及工程量计算规则

项目编码	项目名称	项目特征	计量单位	工程量计算规则	工程内容
010306001	砖散水、地坪	1. 垫层材料种类、厚度 2. 散水、地坪厚度 3. 面层种类、厚度 4. 砂浆强度等级、配合比	m^2	按设计图示尺寸以面积计算	1. 地基找平、夯实 2. 铺设垫层 3. 砌砖散水、地坪 4. 抹砂浆面层
010306002	砖地沟、明沟	1. 沟截面尺寸 2. 垫层材料种类、厚度 3. 混凝土强度等级 4. 砂浆强度等级、配合比	m	按设计图示以中心线长度计算	1. 挖运土石 2. 铺设垫层 3. 底板混凝土制作、运输、浇筑、振捣、养护 4. 砌砖 5. 勾缝、抹灰 6. 材料运输

【例 3.5】 图 3.18 所示为某房屋平面图。已知墙体计算高度为 3 m，M5 混合砂浆砌筑，墙体内埋件及门窗洞口尺寸见表 3.21。试列出墙体的工程量清单项目并计算其工程量。

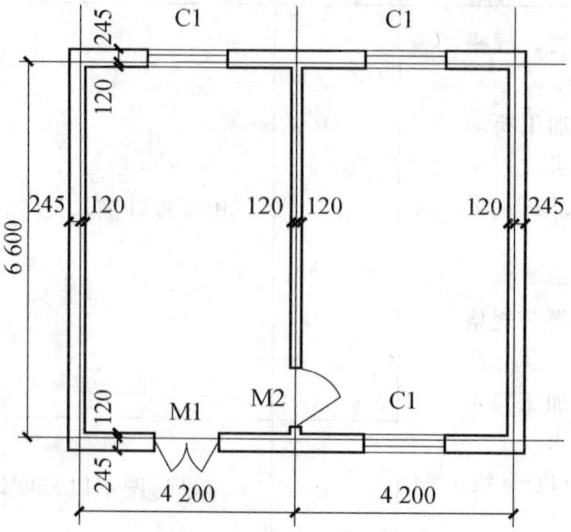

图 3.18　某房屋平面图

表 3.21　门窗洞口尺寸及墙体埋件体积表

门窗名称	洞口尺寸（宽×高）/mm	构件名称		构件体积/m^3
M1	1 200×2 100	过梁	外墙	0.51
M2	1 000×2 100		内墙	0.06
C1	1 500×1 500	圈梁	外墙	2.23
			内墙	0.31

解　由图 3.18 可知，本例设计有外墙和内墙，其墙厚分别为 365 mm、240 mm，故应列清单项目见表 3.22。

表 3.22　应列清单项目

序号	项目编码	项目名称
1	010302001001	实心砖墙 M10 标准砖，370 mm 厚外墙，M5 混合砂浆砌筑
2	010302001002	实心砖墙 M10 标准砖，240 mm 厚内墙，M5 混合砂浆砌筑

工程量计算：

外墙中心线长＝（4.2×2＋0.0625×2＋6.6＋0.0625×2）×2＝30.5（m）

内墙净长线长＝6.6－0.24＝6.36（m）

外墙墙体工程量＝墙长×墙厚×墙高－应扣除体积＋应增加体积
＝墙长×墙厚×墙高－门窗洞口及埋件所占体积
＝30.5×0.365×3－（1.2×2.1＋1.5×1.5×3）×0.365－0.51－2.23
＝33.40－3.38－0.51－2.23＝27.28（m^3）

内墙墙体工程量＝墙长×墙厚×墙高－应扣除体积＋应增加体积
＝墙长×墙厚×墙高－门窗洞口及埋件所占体积
＝6.36×0.24×3－1×2.1×0.24－0.06－0.31
＝4.58－0.50－0.06－0.31＝3.71（m^3）

【例 3.6】 图 3.19 为某工程基础平面图和剖面图，已知该工程土壤为二类土，试计算平整场地、挖地槽、垫层、砖基础工程量。

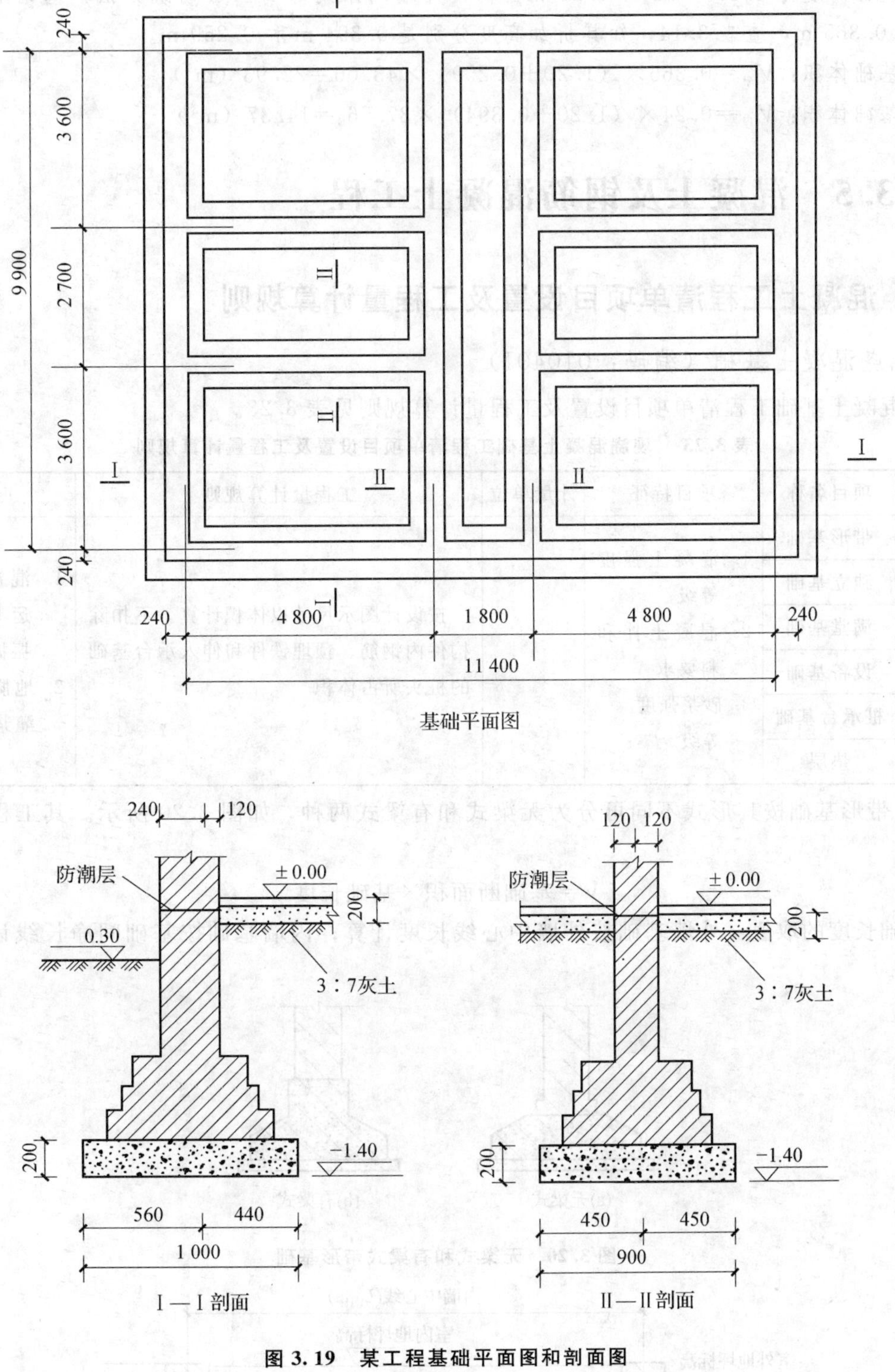

图 3.19　某工程基础平面图和剖面图

解　(1) 基数计算

$L_{外}$ = [(11.40+0.24×2)+(9.90+0.24×2)]×2=(11.88+10.38)×2=44.52 (m)

$L_{中}$ =44.52−4×0.365=43.06 (m)

$L_{内}$ =(4.8−0.12×2)×4+(9.9−0.12×2)×2=37.56 (m)

$S_{底}$ =11.88×10.38=123.31 (m^2)

(2) 工程量计算

基础体积 =墙厚×（设计基础高度+折加高度）×基础长度

基础设计高度为 1.40−0.20=1.20 m，内、外墙均采用等高三层砌筑方法，基础墙厚分别为 0.24 m 和 0.365 m，查表 3.14，知其折加高度分别是 0.394 m 和 0.259 m。

外墙基础体积：$V_{中}$ =0.365×（1.20+0.259）×43.06=22.93（m^3）

内墙基础体积：$V_{内}$ =0.24×（1.20+0.394）×37.56 =14.37（m^3）

3.5 混凝土及钢筋混凝土工程

3.5.1 混凝土工程清单项目设置及工程量计算规则

1. 现浇混凝土基础（编码：010401）

现浇混凝土基础工程清单项目设置及工程量计算规则见表 3.23。

表 3.23 现浇混凝土基础工程清单项目设置及工程量计算规则

项目编码	项目名称	项目特征	计量单位	工程量计算规则	工程内容
010401001	带形基础	1. 混凝土强度等级 2. 混凝土拌和料要求 3. 砂浆强度等级	m^3	按设计图示尺寸以体积计算。不扣除构件内钢筋、预埋铁件和伸入承台基础的桩头所占体积	1. 混凝土制作、运输、浇筑、振捣、养护 2. 地脚螺栓二次灌浆
010401002	独立基础				
010401003	满堂基础				
010401004	设备基础				
010401005	桩承台基础				
010401006	垫层				

（1）带形基础按其形式不同可分为无梁式和有梁式两种，如图 3.20 所示。其工程量计算式如下：

$$V=\text{基础断面积}\times\text{基础长度}$$

式中，基础长度的取值：外墙基础按外墙中心线长度计算；内墙基础按基础间净长线计算，如图 3.21 所示。

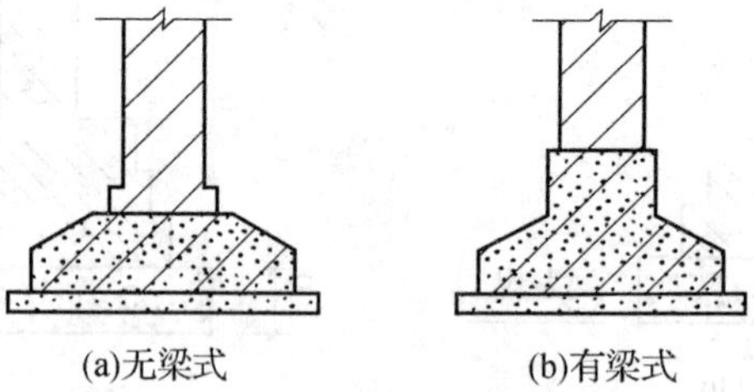

图 3.20 无梁式和有梁式带形基础

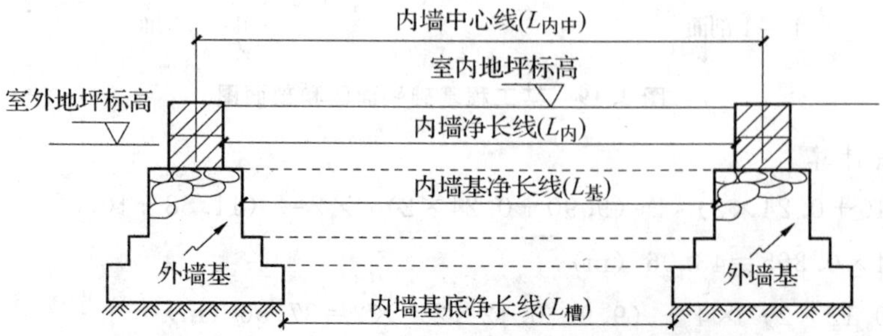

图 3.21 带形基础内墙基础计算长度示意图

【例 3.7】 图 3.22 所示为某房屋基础平面及剖面图，试计算基础工程量。

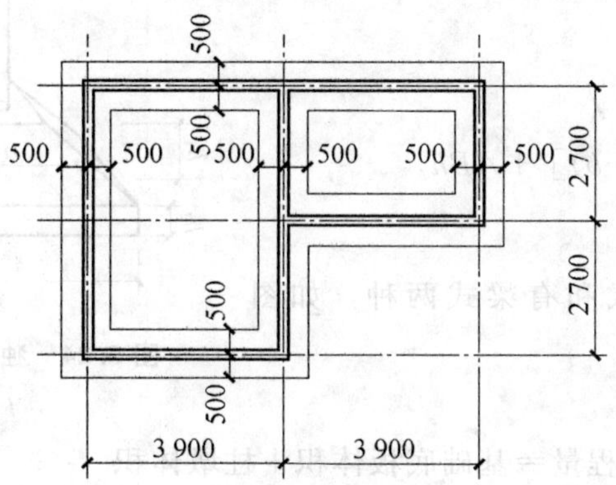

(a)基础平面图

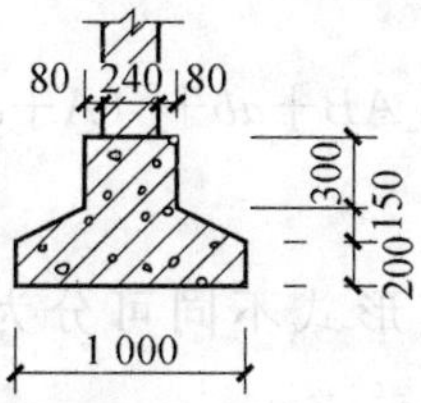

(b)基础剖面图

图 3.22 某房屋基础平面及剖面图

解 基础工程量＝基础断面积×基础长度

外墙下基础工程量＝$\left[(0.08\times2+0.24)\times0.3+\dfrac{0.08\times2+0.24+1}{2}\times0.15+1\times0.2\right]\times(3.9\times2+2.7\times2)\times2$

$=(0.12+0.105+0.2)\times26.4$

$=11.22\ (m^3)$

图 3.23 所示为内、外墙基础交接示意图。

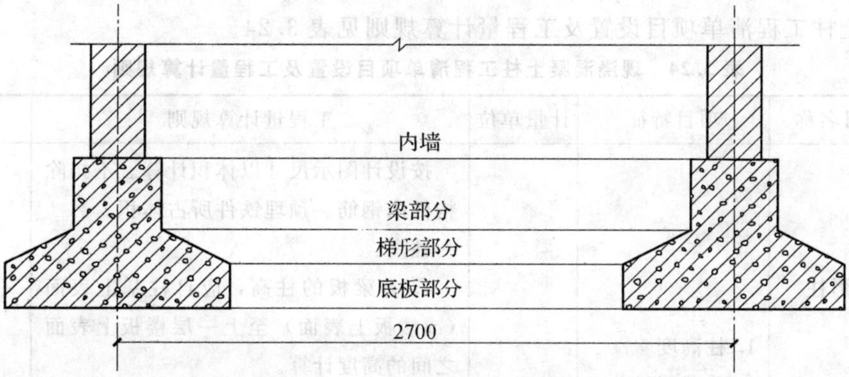

图 3.23 内、外墙基础交接示意图

从图 3.23 中可以看出，内墙下基础：

梁间净长＝$2.7-(0.12+0.08)\times2=2.3\ (m)$

斜坡中心线长＝$2.7-\left(0.2+\dfrac{0.3}{2}\right)\times2=2.0\ (m)$

基底净长＝$2.7-0.5\times2=1.7\ (m)$

内墙下基础工程量＝$\sum$内墙下基础各部分×相应计算长度

$=(0.08\times2+0.24)\times0.3\times2.3+\dfrac{0.08\times2+0.24+1}{2}\times0.15\times2.0+1\times0.2\times1.7$

$=0.28+0.21+0.34$

$=0.83\ (m^3)$

基础工程量＝外墙下基础工程量＋内墙下基础工程量

$=11.22+0.83=12.05\ (m^3)$

(2) 独立基础

独立基础形式如图 3.24 所示。

计算式如下：

$$V=\frac{h_1}{6}\left[AB+ab+(A+a)(A+b)\right]+ABh_2$$

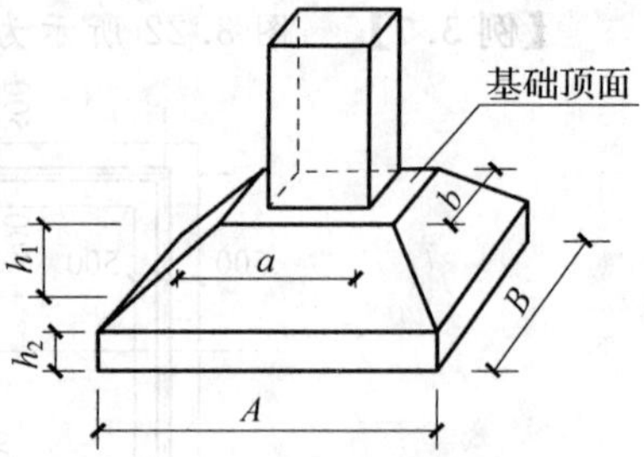

图 3.24　独立基础示意图

(3) 满堂基础

满堂基础按其形式不同可分为无梁式和有梁式两种，如图 3.25 所示。

其工程量计算式如下：

无梁式满堂基础工程量＝基础底板体积＋柱墩体积

式中柱墩体积的计算与角锥形独立基础的体积计算方法相同。

有梁式满堂基础工程量＝基础底板体积＋梁体积

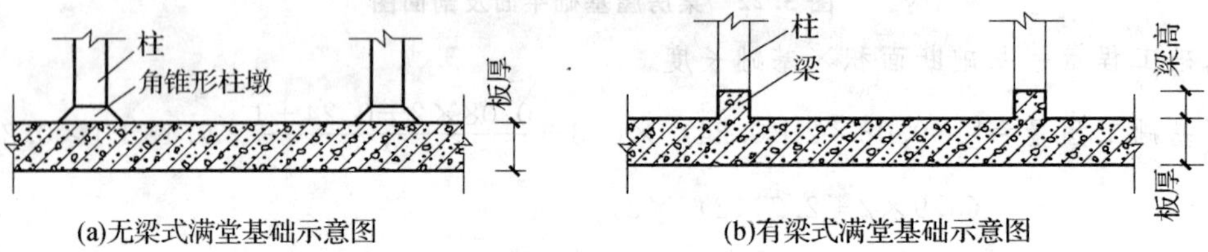

图 3.25　满堂基础

2. 现浇混凝土柱（编码：010402）

现浇混凝土柱工程清单项目设置及工程量计算规则见表 3.24。

表 3.24　现浇混凝土柱工程清单项目设置及工程量计算规则

项目编码	项目名称	项目特征	计量单位	工程量计算规则	工程内容
010402001	矩形柱 异形柱	1. 柱高度 2. 柱截面尺寸 3. 混凝土强度等级 4. 混凝土拌和料要求	m^3	按设计图示尺寸以体积计算。不扣除构件内钢筋、预埋铁件所占体积。 柱高： 1. 有梁板的柱高，应自柱基上表面（或楼板上表面）至上一层楼板上表面之间的高度计算。 2. 无梁板的柱高，应自柱基上表面（或楼板上表面）至柱帽下表面之间的高度计算。 3. 框架柱的柱高，应自柱基上表面至柱顶高度计算。 4. 构造柱按全高计算，嵌接墙体部分并入柱身体积。 5. 依附柱上的牛腿和升板的柱帽，并入柱身体积计算。	混凝土制作、运输、浇筑、振捣、养护

工程量计算：

按设计图示尺寸以体积计算，不扣除构件内的钢筋、预埋铁件所占的体积。其工程量计算式如下：

$$V=\text{柱断面面积}\times\text{柱高}$$

注意：

(1) 构造柱按矩形柱项目编码列项。

(2) 薄壁柱也称隐壁柱，指在框剪结构中，隐藏在墙体中的钢筋混凝土柱。单独的薄壁柱根据其截面形状，确定以矩形柱或异形柱编码列项。

(3) 依附柱上的牛腿和升板的柱帽，并如柱身体积计算。其中，升板建筑是指利用房屋自身网状排列的承重柱作为导杆，将就地叠层生产的大面积楼板由下而上逐层提升就位固定的一种方法。升板的柱帽是指升板建筑中联结板与柱之间的构件。

(4) 混凝土柱上的钢牛腿按本模块 3.8 金属结构工程中的零星钢构件编码列项。

表 3.25　柱高取值表

名 称	柱高取值
有梁板柱高	自柱基上表面（或楼板上表面）至上一层楼板上表面之间的高度
无梁板柱高	自柱基上表面（或楼板上表面）至柱帽下表面之间的高度
框架柱高	自柱基上表面至柱顶的高度
构造柱高	全高

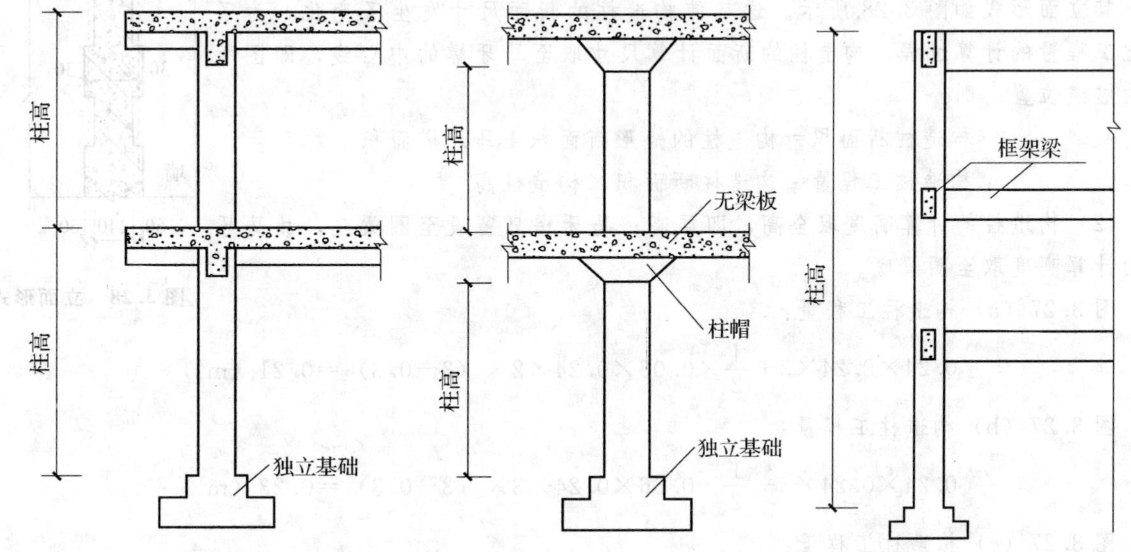

有梁板柱高　无梁板柱高　框架柱高

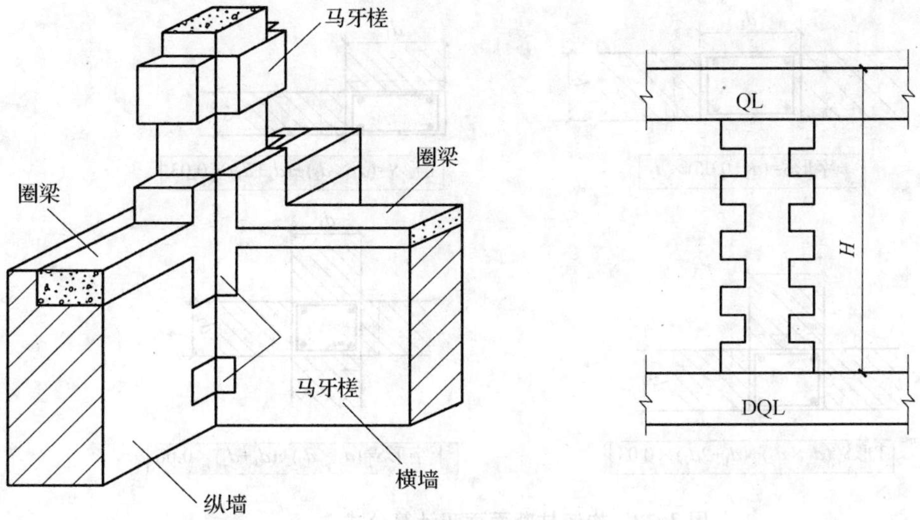

构造柱及马牙槎　构造柱高

图 3.26　构造示意图

【例 3.8】 图 3.27 所示某房屋所设构造柱的位置。已知该房屋二层板面至三层板面高为 3.0 m，圈梁高 300 mm，圈梁与板平齐，墙厚 240 mm，构造柱尺寸 240 mm×240 mm，试计算标准层构造柱工程量。

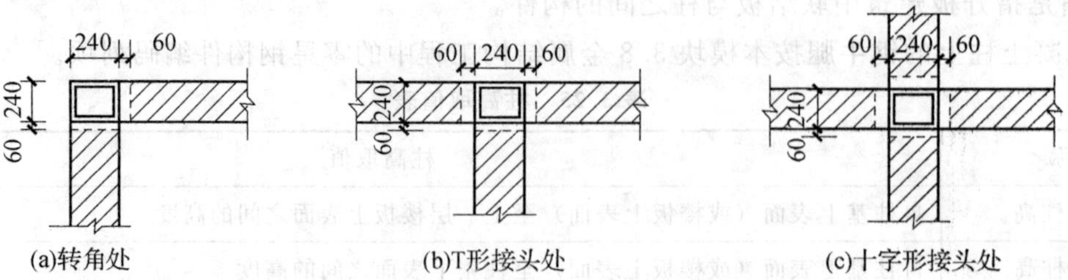

图 3.27 构造柱设置示意图

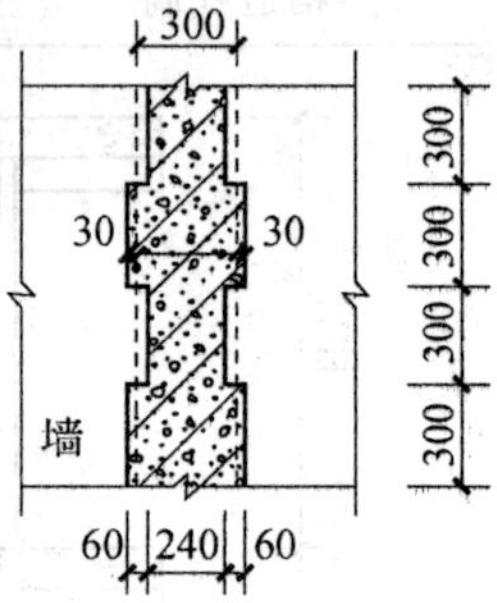

图 3.28 立面形式

解 (1) 图 3.27 所示的虚线表示构造柱与墙连接时，砖墙砌筑为马牙槎。其立面形式如图 3.28 所示。这就使构造柱的断面尺寸发生了变化。为了简化工程量的计算过程，构造柱的断面计算尺寸取至马牙槎的中心线，即图所示的虚线位置。则：

构造柱断面积＝构造柱的矩形断面积＋马牙槎面积

构造柱工程量＝构造柱断面积×构造柱高

(2) 构造柱的计算高度取全高，即层高；马牙槎只留设至圈梁底，故马牙槎的计算高度取至圈梁底。

图 3.27 (a) 构造柱工程量：

$$0.24\times0.24\times3+\frac{1}{2}\times0.06\times0.24\times2\times(3-0.3)=0.21\ (\mathrm{m}^3)$$

图 3.27 (b) 构造柱工程量：

$$0.24\times0.24\times3+\frac{1}{2}\times0.06\times0.24\times3\times(3-0.3)=0.23\ (\mathrm{m}^3)$$

图 3.27 (c) 构造柱工程量：

$$0.24\times0.24\times3+\frac{1}{2}\times0.06\times0.24\times4\times(3-0.3)=0.25\ (\mathrm{m}^3)$$

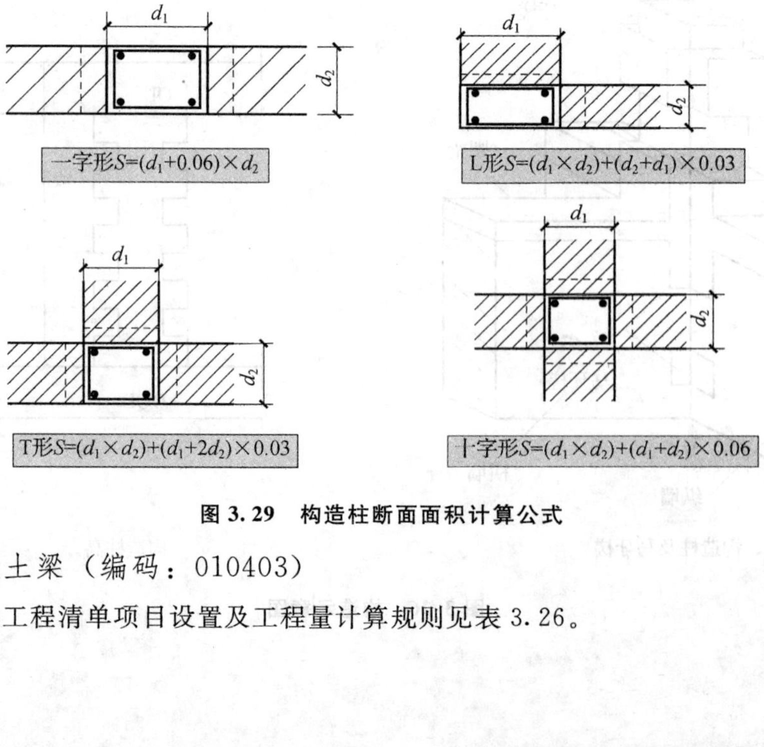

图 3.29 构造柱断面面积计算公式

3. 现浇混凝土梁（编码：010403）

现浇混凝土梁工程清单项目设置及工程量计算规则见表 3.26。

表 3.26　现浇混凝土梁工程清单项目设置及工程量计算规则

项目编码	项目名称	项目特征	计量单位	工程量计算规则	工程内容
010403001	基础梁	1. 梁底标高 2. 梁截面 3. 混凝土强度等级 4. 混凝土拌和料要求	m^3	按设计图示尺寸以体积计算。不扣除构件内钢筋、预埋铁件所占体积，伸入墙内的梁头、梁垫并入梁体积内。 梁长： 1. 梁与柱连接时，梁长算至柱侧面。 2. 主梁与次梁连接时，次梁长算至主梁侧面。	混凝土制作、运输、浇筑、振捣、养护
010403002	矩形梁				
010403003	异形梁				
010403004	圈梁				
010403005	过梁				
010403006	弧形、拱形梁				

梁长取值见表 3.27。

表 3.27　梁长取值

名称	梁长取值
梁与柱连接	算至柱侧面
主梁与次梁连接	次梁算至主梁侧面（即截面小的梁长算至截面大的梁侧面）
圈梁	外墙圈梁长取外墙中心线长（当圈梁截面宽同外墙宽时），内墙圈梁长取内墙净长线

当圈梁与过梁连接在一起时：

$$圈梁：V=圈梁长度\times S_{QL}-V_{GL}$$

$$过梁：P=（门窗洞口宽+0.5）\times S_{GL}$$

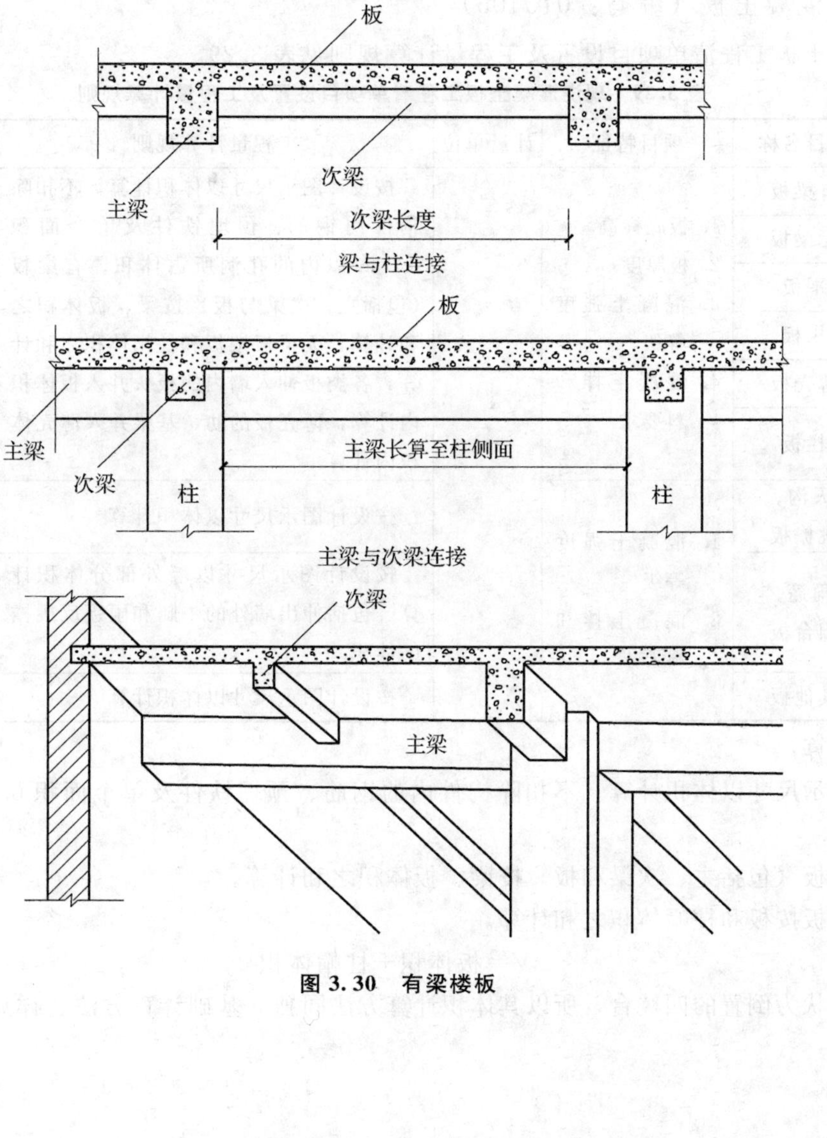

图 3.30　有梁楼板

工程量计算：

按设计图示尺寸以体积计算。不扣除构件内的钢筋、预埋铁件等所占的体积，伸入墙内（砌筑墙）梁头、梁垫并入梁体积内。其工程量计算式为

$$V=\text{梁断面面积}\times\text{梁长}$$

4. 现浇混凝土墙（编码：010404）

现浇混凝土墙工程清单项目设置及工程量计算规则见表3.28。

表3.28 现浇混凝土墙工程清单项目设置及工程量计算规则

项目编码	项目名称	项目特征	计量单位	工程量计算规则	工程内容
010404001	直形墙	1. 墙类型 2. 墙厚度 3. 混凝土强度等级 4. 混凝土拌和料要求	m^3	按设计图示尺寸以体积计算。不扣除构件内钢筋、预埋铁件所占体积，扣除门窗洞口及单个面积0.3 m^2以外的孔洞所占体积，墙垛及突出墙面部分并入墙体体积内计算	混凝土制作、运输、浇筑、振捣、养护
010404002	弧形墙				

工程量计算：

按设计图示尺寸以体积计算。不扣除构件内的钢筋、预埋铁件等所占的体积，扣除门窗洞口及单个面积0.3 m^2以外的孔洞所占体积，墙垛及突出墙面部分并入墙体体积内。

5. 现浇混凝土板（编码：010405）

现浇混凝土板工程清单项目设置及工程量计算规则见表3.29。

表3.29 现浇混凝土板工程清单项目设置及工程量计算规则

项目编码	项目名称	项目特征	计量单位	工程量计算规则	工程内容
010405001	有梁板	1. 板底标高 2. 板厚度 3. 混凝土强度等级 4. 混凝土拌和料要求	m^3	按设计图示尺寸以体积计算。不扣除构件内钢筋、预埋铁件及单个面积0.3 m^2以内的孔洞所占体积。有梁板（包括主、次梁与板）按梁、板体积之和计算，无梁板按板和柱帽体积之和计算，各类板伸入墙内的板头并入板体积内计算，薄壳板的肋、基梁并入薄壳体积内计算	混凝土制作、运输、浇筑、振捣、养护
010405002	无梁板				
010405003	平板				
010405004	拱板				
010405005	薄壳板				
010405006	栏板				
010405007	天沟、挑檐板	1. 混凝土强度等级 2. 混凝土拌和料要求		按设计图示尺寸以体积计算	
010405008	雨篷、阳台板			按设计图示尺寸以墙外部分体积计算。包括伸出墙外的牛腿和雨篷反挑檐的体积	
010405009	其他板			按设计图示尺寸以体积计算	

工程量计算：

按设计图示尺寸以体积计算。不扣除构件内的钢筋、预埋铁件及单个面积0.3 m^2以内的孔洞所占体积。

（1）有梁板（包括主、次梁和板）按梁、板体积之和计算。

（2）无梁板按板和柱帽体积之和计算。

$$V=\text{板体积}+\text{柱帽体积}$$

因柱帽形状为倒置的四棱台，所以其体积计算方法同独立基础计算方法。详见学习模块2土石方工程中所述。

（3）薄壳板按板、肋和基梁体积之和计算。

（4）各类板伸入墙内的板称平板，其板头并入板体积内计算。

V＝板长×板宽×板厚（板长取全长，板宽取全宽）

（5）天沟、挑檐板按设计图示尺寸以体积计算。当天沟、挑檐板与板（屋面板）连接时，以外墙外边线为界，与圈梁（包括其他梁）连接时，以梁外边线为界，外边线以外为天沟、挑檐。

（6）雨篷和阳台板按设计图示尺寸以墙外部分体积计算（包括伸出墙外的牛腿和雨篷反挑檐的体积）。雨篷、阳台与板（楼板、屋面板）连接时，以外墙外边线为界，与圈梁（包括其他梁）连接时，以梁外边线为界，外边线以外为雨篷、阳台。

（7）其他板按设计图示尺寸以体积计算。

注意：混凝土板采用浇筑复合高强薄型空心管时，其工程量应扣除管所占体积，复合高强薄型空心管应包括在报价内。采用轻质材料浇筑在有梁板内，轻质材料应包括在报价内。

【例 3.9】 某房屋二层结构平面图如图 3.31 所示。已知一层板顶标高为 3.0 m，二层板顶标高为6.0 m，现浇板厚 100 mm，各构件混凝土强度等级为 C25，断面尺寸见表 3.30。试计算二层各钢筋混凝土构件工程量。

表 3.30 构件尺寸

构件名称	构件尺寸/（mm × mm）
KZ	400×400
KL1	250×500（宽×高）
KL2	300×650（宽×高）
L1	250×400（宽×高）

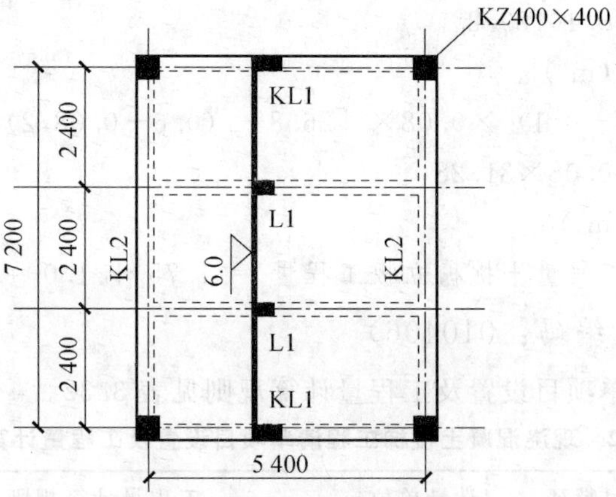

图 3.31 二层结构平面图

解 应列清单项目见表 3.31。

表 3.31 应列清单项目表

序号	项目编码	项目名称	计量单位
1	010402001001	C25 现浇混凝土矩形柱 柱高 3 m，断面尺寸 400×400，商品混凝土	m^3
2	010403002001	C25 现浇混凝土矩形梁 商品混凝土	m^3
3	010405003001	C25 现浇混凝土平板 板厚 100 mm，商品混凝土	m^3

工程量计算：

(1) 矩形柱（KZ）

矩形柱工程量＝柱断面面积×柱高×根数＝0.4×0.4×（6－3）×4＝1.92（m^3）

(2) 矩形梁（KL1、KL2、L1）

矩形梁工程量 ＝ 梁断面面积×梁长×根数

KL1 工程量 ＝ 0.25×（0.5－0.1）×（5.4－0.2×2）×2＝1.0（m^3）

KL2 工程量 ＝ 0.3×（0.65－0.1）×（7.2－0.2×2）×2＝2.24（m^3）

L1 工程量 ＝ 0.25×（0.4－0.1）×（5.4＋0.2×2－0.3×2）×2＝0.78（m^3）

矩形梁工程量 ＝ KL1、KL2 、L1 工程量之和＝1.0＋2.24＋0.78＝4.02（m^3）

(3) 平板

平板工程量＝板长×板宽×板厚－柱所占体积

＝（7.2＋0.2×2）×（5.4＋0.2×2）×0.1－0.4×0.4×0.1×4

＝4.408－0.064＝4.34（m^3）

【例 3.10】 接上例。如图 3.32 所示，若屋面设计为挑檐，其挑檐工程量应为多少？

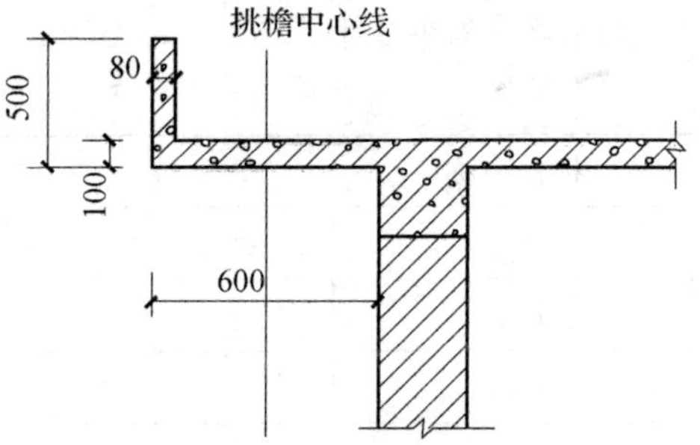

图 3.32 挑檐剖面图

解 挑檐工程量＝挑檐断面积×挑檐长度

从图 3.32 可以看出：挑檐工程量应计算挑檐平板及立板部分。而这两部分的计算长度不同，故应分别计算。

外墙外边线长＝（5.4＋0.2×2＋7.2＋0.2×2）×2

＝26.8（m）

挑檐平板工程量＝0.6×0.1×（26.8＋0.6/2×8）

＝0.6×0.1×29.2

＝1.75（m^3）

挑檐立板工程量＝（0.5－0.1）×0.08×［26.8＋（0.6－0.08/2）×8］

＝0.4×0.08×31.28

＝1.0（m^3）

挑檐工程量＝挑檐平板工程量＋挑檐立板工程量 ＝ 1.75 ＋ 1.0 ＝ 2.75（m^3）

6. 现浇混凝土楼梯（编码：010406）

现浇混凝土楼梯工程清单项目设置及工程量计算规则见表 3.32。

表 3.32 现浇混凝土楼梯工程清单项目设置及工程量计算规则

项目编码	项目名称	项目特征	计量单位	工程量计算规则	工程内容
010406001	直形楼梯	1. 混凝土强度等级 2. 混凝土拌和料要求	m^3	按设计图示尺寸以水平投影面积计算。不扣除宽度小于 500 mm 的楼梯井，伸入墙内部分不计算	混凝土制作、运输、浇筑、振捣、养护
010406002	弧形楼梯				

工程量计算（图 3.33）：

(1) 整体楼梯工程量

按设计图示尺寸以水平投影面积计算。不扣除宽度小于 500 mm 的楼梯井，伸入墙内部分不计算。

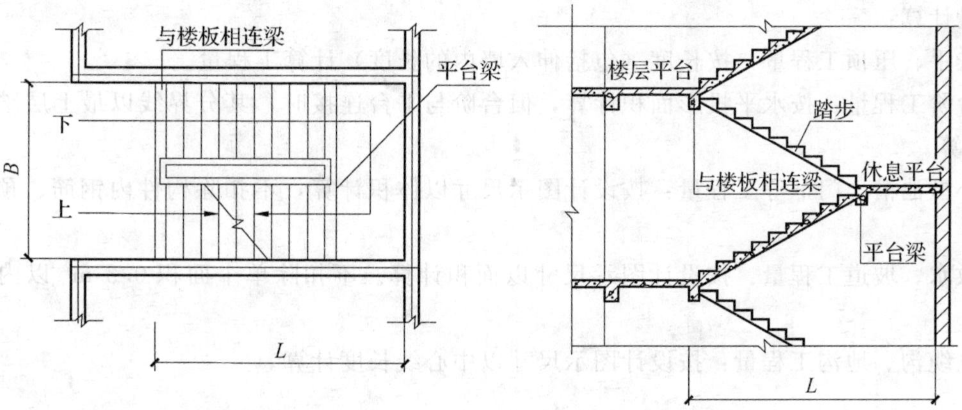

图 3.33 楼梯示意图

注意：其水平投影面积包括休息平台、平台梁、斜梁以及楼梯与楼板连接的梁。当整体楼梯与现浇楼板无梯梁连接时，以楼梯的最后一个踏步边缘加 300 mm 为界，如图 3.33 所示。其计算式如下：

$$楼梯工程量 = \sum_{i=1}^{n} L_i \times B_i - 各层梯井所占面积(梯井宽 > 500\ mm 时)$$

式中，i 指楼梯层数。

当楼梯各层水平投影面积相等时：

$$楼梯工程量 = L \times B \times 楼梯层数 - 各层梯井所占面积（梯井宽 > 500\ mm 时）$$

(2) 踏步式悬挑旋转楼梯

踏步式悬挑旋转楼梯工程量，按其水平投影面积以"m^2"计算。不扣除柱所占面积，但柱应另外列项计算，执行柱相应综合基价。

若楼梯与楼板相连时，应算至与楼板相连的梁的内侧面，梁另外列项计算。

(3) 弧线型螺旋艺术楼梯

弧线型螺旋艺术楼梯工程量，按其水平投影面积以"m^2"计算。其水平投影面积仅包括螺旋梯段，两端楼梯梁应另列项目计算，并入相应项目工程量。

7. 现浇混凝土其他构件（编码：010407）

现浇混凝土其他构件工程清单项目设置及工程量计算规则见表 3.33。

表 3.33 现浇混凝土其他构件工程清单项目设置及工程量计算规则

项目编码	项目名称	项目特征	计量单位	工程量计算规则	工程内容
010407001	其他构件	1. 构件的类型 2. 构件规格 3. 混凝土强度等级 4. 混凝土拌和料要求	m^3 (m^2、m)	按设计图示尺寸以体积计算。不扣除构件内钢筋、预埋铁件所占体积	混凝土制作、运输、浇筑、振捣、养护
010407002	散水、坡道	1. 垫层材料种类、厚度 2. 面层厚度 3. 混凝土强度等级 4. 混凝土拌和料要求 5. 填塞材料种类	m^2	按设计图示尺寸以面积计算。不扣除单个 0.3 m^2 以内的孔洞所占面积	1. 地基夯实 2. 铺设垫层 3. 混凝土制作、运输、浇筑、振捣、养护 4. 变形缝填塞
010407003	电缆沟、地沟	1. 沟截面 2. 垫层材料种类、厚度 3. 混凝土强度等级 4. 混凝土拌和料要求 5. 防护材料种类	m	按设计图示以中心线长度计算	1. 挖运土石 2. 铺设垫层 3. 混凝土制作、运输、浇筑、振捣、养护 4. 刷防护材料

工程量计算：

（1）扶手、压顶工程量：按长度（包括伸入墙内的长度）计算工程量。

（2）台阶工程量：按水平投影面积计算，但台阶与平台连接时，其分界线以最上层踏步外沿加300 mm计算。

（3）小型池槽、门框等工程量：按设计图示尺寸以体积计算，不扣除构件内钢筋、预埋铁件等所占体积。

（4）散水、坡道工程量：按设计图示尺寸以面积计算。不扣除单个面积0.3 m^2以内孔洞所占面积。

（5）电缆沟、地沟工程量：按设计图示尺寸以中心线长度计算。

注意：

①散水、坡道项目内包括垫层、结构层、面层及变形缝的填塞等内容。

②电缆沟、地沟项目内包括挖运土石方、铺设垫层、混凝土浇筑等内容。若电缆沟、地沟的挖运土石方按管沟土方编码列项，则此项目不能再考虑挖运土石方。

③散水、坡道、电缆沟、地沟需抹灰时，其费用应包含在报价内。

【例3.11】 图3.34所示为某房屋平面及台阶示意图，试计算其台阶和散水工程量。

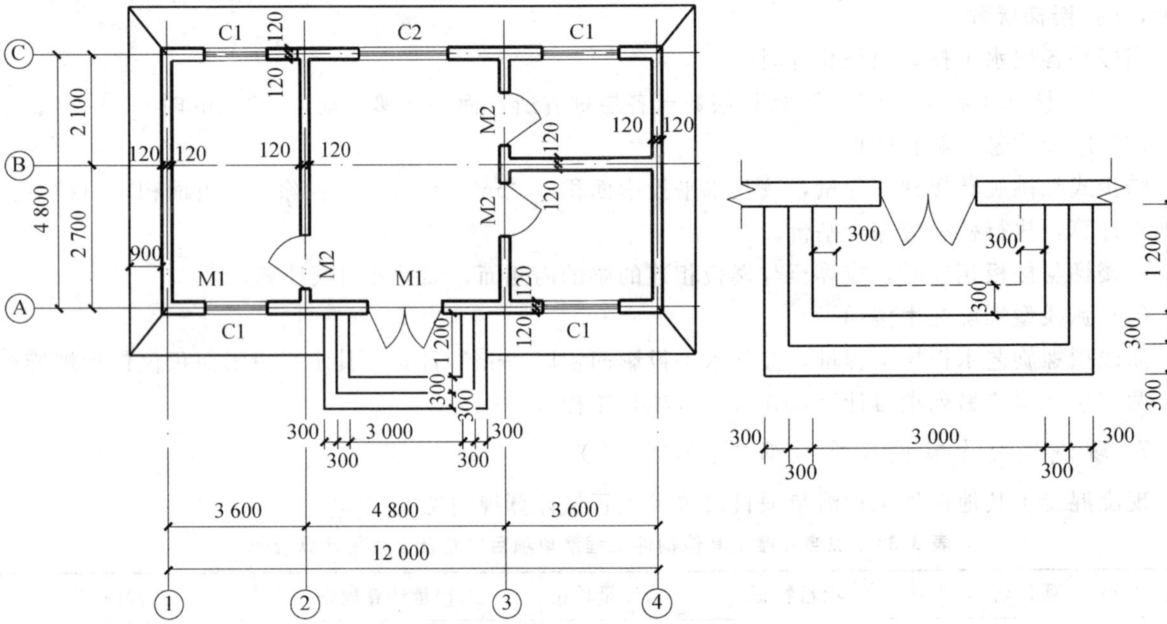

图3.34 某房屋平面及台阶示意图

解 （1）台阶工程量

由图3.34可以看出，本例台阶与平台相连，故台阶应算至最上一层踏步外沿300 mm，如图3.34所示。

台阶工程量＝水平投影面积

$$=(3.0+0.3\times4)\times(1.2+0.3\times2)-(3.0-0.3\times2)\times(1.2-0.3)$$

$$=7.56-2.16=5.4\ (m^2)$$

（2）散水工程量

散水工程量＝散水中心线长×散水宽－台阶所占面积

$$=(12+0.24+0.45\times2+4.8+0.24+0.45\times2)\times2\times0.9-(3+0.3\times4)\times0.9$$

$$=38.16\times0.9-4.2\times0.9=30.56\ (m^2)$$

8. 后浇带（编码：010408）

后浇带工程清单项目设置及工程量计算规则见表 3.34。

表 3.34 后浇带工程清单项目设置及工程量计算规则

项目编码	项目名称	项目特征	计量单位	工程量计算规则	工程内容
010408001	后浇带	1. 部位 2. 混凝土强度等级 3. 混凝土拌和料要求	m^3	按设计图示尺寸以体积计算	混凝土制作、运输、浇筑、振捣、养护

工程量计算：按设计图示尺寸以体积计算。

9. 预制混凝土柱（编码：010409）

预制混凝土柱工程清单项目设置及工程量计算规则见表 3.35。

表 3.35 预制混凝土柱工程清单项目设置及工程量计算规则

项目编码	项目名称	项目特征	计量单位	工程量计算规则	工程内容
010409001	矩形柱	1. 柱类型 2. 单件体积 3. 安装高度 4. 混凝土强度等级 5. 砂浆强度等级	m^3 （根）	1. 按设计图示尺寸以体积计算。不扣除构件内钢筋、预埋铁件所占体积 2. 按设计图示尺寸以“数量”计算	1. 混凝土制作、运输、浇筑、振捣、养护 2. 构件制作、运输 3. 构件安装 4. 砂浆制作、运输 5. 接头灌缝、养护
010409002	异形柱				

10. 预制混凝土梁（编码：010410）

预制混凝土梁工程清单项目设置及工程量计算规则见表 3.36。

表 3.36 预制混凝土梁工程清单项目设置及工程量计算规则

项目编码	项目名称	项目特征	计量单位	工程量计算规则	工程内容
010410001	矩形梁	1. 单件体积 2. 安装高度 3. 混凝土强度等级 4. 砂浆强度等级	m^3（根）	按设计图示尺寸以体积计算。不扣除构件内钢筋、预埋铁件所占体积	1. 混凝土制作、运输、浇筑、振捣、养护 2. 构件制作、运输 3. 构件安装 4. 砂浆制作、运输 5. 接头灌缝、养护
010410002	异形梁				
010410003	过梁				
010410004	拱形梁				
010410005	鱼腹式吊车梁				
010410006	风道梁				

11. 预制混凝土屋架（编码：010411）

预制混凝土屋架工程清单项目设置及工程量计算规则见表 3.37。

表 3.37 预制混凝土屋架工程清单项目设置及工程量计算规则

项目编码	项目名称	项目特征	计量单位	工程量计算规则	工程内容
010411001	折线型屋架	1. 屋架的类型、跨度 2. 单件体积 3. 安装高度 4. 混凝土强度等级 5. 砂浆强度等级	m^3 （榀）	按设计图示尺寸以体积计算。不扣除构件内钢筋、预埋铁件所占体积	1. 混凝土制作、运输、浇筑、振捣、养护 2. 构件制作、运输 3. 构件安装 4. 砂浆制作、运输 5. 接头灌缝、养护
010411002	组合屋架				
010411003	薄腹屋架				
010411004	门式刚架屋架				
010411005	天窗架屋架				

12. 预制混凝土板（编码：010412）

预制混凝土板工程清单项目设置及工程量计算规则见表3.38。

表3.38 预制混凝土板工程清单项目设置及工程量计算规则

项目编码	项目名称	项目特征	计量单位	工程量计算规则	工程内容
010412001	平板	1. 构件尺寸 2. 安装高度 3. 混凝土强度等级 4. 砂浆强度等级	m^3（块）	按设计图示尺寸以体积计算。不扣除构件内钢筋、预埋铁件及单个尺寸300 mm×300 mm以内的孔洞所占体积，扣除空心板空洞体积	1. 混凝土制作、运输、浇筑、振捣、养护 2. 构件制作、运输 3. 构件安装 4. 升板提升 5. 砂浆制作、运输 6. 接头灌缝、养护
010412002	空心板				
010412003	槽形板				
010412004	网架板				
010412005	折线板				
010412006	带肋板				
010412007	大型板				
010412008	沟盖板、井盖板、井圈	1. 构件尺寸 2. 安装高度 3. 混凝土强度等级 4. 砂浆强度等级	m^3（块、套）	按设计图示尺寸以体积计算。不扣除构件内钢筋、预埋铁件所占体积	1. 混凝土制作、运输、浇筑、振捣、养护 2. 构件制作、运输 3. 构件安装 4. 砂浆制作、运输 5. 接头灌缝、养护

13. 预制混凝土楼梯（编码：010413）

预制混凝土楼梯工程清单项目设置及工程量计算规则见表3.39。

表3.39 预制混凝土楼梯工程清单项目设置及工程量计算规则

项目编码	项目名称	项目特征	计量单位	工程量计算规则	工程内容
010413001	楼梯	1. 楼梯类型 2. 单件体积 3. 混凝土强度等级 4. 砂浆强度等级	m^3	按设计图示尺寸以体积计算。不扣除构件内钢筋、预埋铁件所占体积，扣除空心踏步板空洞体积	1. 混凝土制作、运输、浇筑、振捣、养护 2. 构件制作、运输 3. 构件安装 4. 砂浆制作、运输 5. 接头灌缝、养护

14. 其他预制构件（编码：010414）

其他预制构件工程清单项目设置及工程量计算规则见表3.40。

表 3.40　其他预制构件工程清单项目设置及工程量计算规则

项目编码	项目名称	项目特征	计量单位	工程量计算规则	工程内容
010414001	烟道、垃圾道、通风道	1. 构件类型 2. 单件体积 3. 安装高度 4. 混凝土强度等级 5. 砂浆强度等级	m^3	按设计图示尺寸以体积计算。不扣除构件内钢筋、预埋铁件及单个尺寸 300 mm×300 mm 以内的孔洞所占体积，扣除烟道、垃圾道、通风道的孔洞所占体积	1. 混凝土制作、运输、浇筑、振捣、养护 2.（水磨石）构件制作、运输 3. 构件安装 4. 砂浆制作、运输 5. 接头灌缝、养护 6. 酸洗、打蜡
010414002	其他构件	1. 构件的类型 2. 单件体积 3. 水磨石面层厚度 4. 安装高度			
010414003	水磨石构件	5. 混凝土强度等级 6. 水泥石子浆配合比 7. 石子品种、规格、颜色 8. 酸洗、打蜡要求			

15. 混凝土构筑物（编码：010415）

混凝土构筑物工程清单项目设置及工程量计算规则见表 3.41。

表 3.41　混凝土构筑物工程清单项目设置及工程量计算规则

项目编码	项目名称	项目特征	计量单位	工程量计算规则	工程内容
010415001	贮水（油）池	1. 池类型 2. 池规格 3. 混凝土强度等级 4. 混凝土拌和料要求	m^3	按设计图示尺寸以体积计算。不扣除构件内钢筋、预埋铁件及单个面积 0.3 m^2 以内的孔洞所占体积	混凝土制作、运输、浇筑、振捣、养护
010415002	贮仓	1. 类型、高度 2. 混凝土强度等级 3. 混凝土拌和料要求			
010415003	水塔	1. 类型 2. 支筒高度、水箱容积 3. 倒圆锥形罐壳厚度、直径 4. 混凝土强度等级 5. 混凝土拌和料要求 6. 砂浆强度等级			1. 混凝土制作、运输、浇筑、振捣、养护 2. 预制倒圆锥形罐壳、组装、提升、就位 3. 砂浆制作、运输 4. 接头灌缝、养护
010415004	烟囱	1. 高度 2. 混凝土强度等级 3. 混凝土拌和料要求			混凝土制作、运输、浇筑、振捣、养护

3.5.2 钢筋工程清单项目设置及工程量计算规则

1. 钢筋工程基础知识

(1) 构件常用代号表(表 3.42)

表 3.42 构件常用代号表

序号	名称	代号	序号	名称	代号	序号	名称	代号
1	板	B	15	吊车梁	DL	29	基础	J
2	屋面板	WB	16	圈梁	QL	30	设备基础	SJ
3	空心板	KB	17	过梁	GL	31	桩	ZH
4	槽形板	CB	18	连系梁	LL	32	柱间支撑	ZC
5	折板	ZB	19	基础梁	JL	33	垂直支撑	CC
6	密筋板	MB	20	楼梯梁	TL	34	水平支撑	SC
7	楼梯板	TB	21	檩条	LT	35	梯	T
8	盖板或沟盖板	GB	22	屋架	WJ	36	雨篷	YP
9	挡雨板或檐口板	YB	23	托架	TJ	37	阳台	YT
10	吊车安全走道板	DB	24	天窗架	CJ	38	梁垫	LD
11	墙板	QB	25	框架	KJ	39	预埋件	M
12	天沟板	TGB	26	钢架	GJ	40	天窗端壁	TD
13	梁	L	27	支架	ZJ	41	钢筋网	W
14	屋面梁	WL	28	柱	Z	42	钢筋骨架	G

(2) 钢筋的每米理论质量(表 3.43)

表 3.43 钢筋的每米理论质量 kg

直径	光圆钢筋		带肋钢筋	
	截面	质量	截面	质量
5	0.196	0.154		
6	1.283	0.222		
6.5	0.332	0.260		
8	0.503	0.395		
10	0.785	0.617	0.785	0.62
12	1.131	0.888	1.313	0.889
14	1.539	1.21	1.54	1.21
16	2.011	1.58	2.0	1.58
18	2.545	2.00	2.54	2.00
20	3.142	2.47	3.14	2.47
22	3.801	2.98	3.8	2.98
25	4.909	3.85	4.91	3.85
28	6.158	4.83	6.16	4.83
30	7.069	5.55		
32	8.042	6.31	8.04	6.31
38				
40			12.57	9.87

（3）钢筋的种类

①钢筋排布：钢筋安排布置。钢筋工程在施工中，详细具体的钢筋摆放、排列、定位、分布及绑扎。

②主筋：亦称纵向受力钢筋，仅在截面受拉区配置的受弯构件称单筋截面受弯构件，同时在截面受压区配置的受弯构件称为双筋截面受弯构件。因此，主钢筋按其受力不同而有受拉及受压主钢筋两种。受拉主钢筋承受拉应力，受压主钢筋则承受压力。

主筋在梁中有：梁上部、下部纵向受力钢筋；支座上部纵向贯通与非贯通受力钢筋；抗扭腰筋。

主筋在板中有：板支座上部贯通与非贯通受力钢筋，下部纵向受力钢筋。

主筋在墙中有：墙水平与竖向分布钢筋。

主筋在柱中有：柱纵向受力钢筋。

③构造钢筋：钢筋混凝土结构中，按照构造需要设置的钢筋。

构造钢筋不承受主要的作用力，只起维护、拉结、分布作用。

构造钢筋的类型有：分布筋、箍筋、拉筋、构造腰筋、架立筋等。

④纵筋：又叫纵向钢筋。在混凝土构件内沿长方向布置的钢筋，多为受力钢筋，主要在构件中承受拉力。

⑤分布筋：分布筋出现在板中，布置在受力钢筋的内侧，与受力钢筋垂直。作用是固定受力钢筋的位置并将板上的荷载分散到受力钢筋上，同时也能防止因混凝土的收缩和温度变化等原因，在垂直于受力钢筋方向产生的裂缝。

在剪力墙上，墙梁与墙柱之外的墙体纵筋横筋亦称为分布筋，在03G101-1框架剪力墙图集中，就有剪力墙水平分布筋与剪力墙竖向分布筋的构造做法。

⑥负筋：负筋是负弯矩钢筋的简称，作用是抵抗负弯矩；负筋就是梁或板顶部或面部的钢筋，因为一般的力学把下侧底部受拉的弯矩规定为正弯矩方向，所以顶部就是负弯矩。

吊筋：在主梁中，承受次梁集中荷载的一种纵向受力钢筋。腰筋：又称“腹筋”，一般位于梁两侧中间部位，是梁中部构造钢筋，主要是因为梁高，需要在箍筋中部设置连接筋。当梁高大于450 mm，就应沿梁高两侧设腰筋，数量上不应少于2根。

⑦箍筋：承受剪力或扭矩的钢筋，并固定受力筋和架立筋的位置，用于梁或柱内。

⑧净跨度：跨度是承重结构之间的距离。净跨度是跨度减去两端支承部分所剩余的长度，简称净跨。在建筑工程图集中，净跨度用代号 L_n 表示。

⑨搭接：搭接是在混凝土结构构件中，钢筋长度不够时，按一定要求将两根钢筋互相叠合而形成的连接。钢筋连接的基本形式有：绑扎搭接，焊接和机械连接。锚固：钢筋的锚固长度是指钢筋伸入支座内的长度，其目的是防止钢筋被拔出。

⑩钢筋种类的表达方法：

HPB235表示热轧光圆一级钢筋；HRB335表示热轧带肋二级钢筋；

HRB400表示热轧带肋三级钢筋；RRB400表示余热处理三级钢筋。

（4）钢筋计算原理

钢筋重量＝钢筋长度×根数×理论重量

钢筋长度＝净长＋节点锚固＋搭接＋弯钩（一级抗震）

（5）常用查询用表

常用查询表见表3.44～3.49。

表 3.44 受拉钢筋最小锚固长度 l_a

钢筋种类		混凝土强度等级									
		C20		C25		C30		C35		≥C40	
		$d\leqslant 25$	$d>25$	$d\leqslant 25$	$d>25$	$d\leqslant 25$	$d>25$	$d\leqslant 25$	$d>25$	$d\leqslant 25$	$d>25$
HPB235	普通钢筋	31d	31d	27d	27d	24d	24d	22d	22d	20d	20d
HRB335	普通钢筋	39d	42d	34d	37d	30d	33d	27d	30d	25d	27d
HRB400 RRB400	普通钢筋	46d	51d	40d	44d	36d	39d	33d	36d	30d	33d

注：1. 表中 d 指钢筋直径。

2. 当钢筋在混凝土施工中易受扰动（如滑模施工）时，其锚固长度应乘以修正系数 1.1。

3. 在任何情况下，锚固长度不得小于 250 mm。

4. HPB235 钢筋为受拉时，其末端应做成 180°弯钩。弯钩平直段长度不应小于 $3d$。当为受压时，可不做弯钩。

表 3.45 纵向受拉钢筋抗震锚固长度 l_{aE}

混凝土强度等级与抗震等级 / 钢筋种类与直径			C20		C25		C30		C35		≥C40	
			一二级抗震等级	三级抗震等级	一二级抗震等级	三级抗震等级	一二级抗震等级	三级抗震等级	一二级抗震等级	三级抗震等级	一二级抗震等级	三级抗震等级
HPB235	普通钢筋		36d	33d	31d	28d	27d	25d	25d	23d	23d	21d
HRB335	普通钢筋	$d\leqslant 25$	44d	41d	38d	35d	34d	31d	31d	29d	29d	26d
		$d>25$	49d	45d	42d	39d	38d	34d	34d	31d	32d	29d
HRB400 RRB400	普通钢筋	$d\leqslant 25$	53d	49d	46d	42d	41d	37d	37d	34d	34d	31d
		$d>25$	58d	53d	51d	46d	45d	41d	41d	38d	38d	34d

注：1. 四级抗震等级，$l_{aE}=l_a$，其值见表 3.44。

2. 当弯锚时，有些部位的锚固长度为 $\geqslant 0.4l_{aE}+15d$，见各类构件的标准构造详图。

3. 当 HRB335、HRB400 和 RRB400 级纵向受拉钢筋末端采用机械锚固措施时，包括附加锚固端头在内的锚固长度可取为表 3.44 和表 3.45 中锚固长度的 0.7 倍。机械锚固的形式及构造要求见有关详图。

4. 当钢筋在混凝土施工中易受扰动（如滑模施工）时，其锚固长度应乘以修正系数 1.1。

5. 在任何情况下，锚固长度不得小于 250 mm。

表 3.46 纵向受拉钢筋绑扎搭接长度 l_{iE}、l_i

抗震	非抗震	注：1. 当不同直径的钢筋搭接时，其 l_{iE} 与 l_i 值按较小的直径计算。
$l_{lE}=\zeta l_{aE}$	$l_l=\zeta l_a$	2. 在任何情况下，l_i 不得小于 300 mm。 3. 式中 ζ 为搭接长度修正系数。

表 3.47 纵向受拉钢筋搭接长度修正系数

纵向受拉钢筋搭接接头面积百分率/%	≤25	50	100
ζ	1.2	1.4	1.6

表 3.48 钢筋的混凝土保护层厚度

钢筋种类	构件名称		保护层厚度/mm
受力筋	室内正常环境	板、墙、壳	15
		梁、柱	25
	露天或室内高温环境	板、墙、壳	25
		梁、柱	35
	有垫层	基础	35
	无垫层		70
分布筋	板、墙、壳		10
箍 筋	梁、柱		15

注：1. 本表中，取值为混凝土强度等级 C25 或 C30 时。

2. 大于 C20 的预制构件，保护层厚度可按照本表减少 5 mm，但墙、板和环形构件应保持不小于 10 mm。

3. 预应力混凝土结构的保护层，应按设计要求。

4. 在侵蚀性环境中的构件，受力钢筋的保护层应按设计要求采用。

5. 为了保证混凝土保护层的必须厚度，应在钢筋下设置水泥砂浆垫块或塑料卡。

表 3.49 常用弯钩长度

弯钩长度		180°	90°	135
增加长度	Ⅰ级钢筋	$6.25d$	$3.5d$	$4.9d$
	Ⅱ级钢筋		$X+0.9d$	$X+2.9d$
	Ⅲ级钢筋		$X+1.2d$	$X+3.6d$

注：箍筋弯钩（图 3.35）的平直部分（X），一般结构不小于箍筋直径的 5 倍；有抗震要求的结构，不应小于箍筋直径的 10 倍。

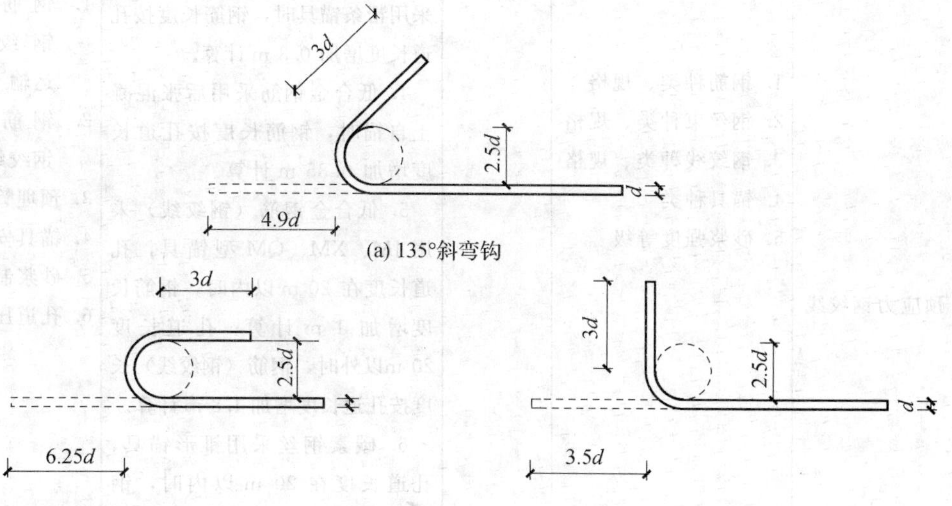

(a) 135°斜弯钩

(b) 180°半圆弯钩

(c) 90°直弯钩

图 3.35 弯钩示意图

2. 钢筋工程（编码：010416）

钢筋工程工程清单项目设置及工程量计算规则见表 3.50。

表 3.50　钢筋工程工程清单项目设置及工程量计算规则

项目编码	项目名称	项目特征	计量单位	工程量计算规则	工程内容
010416001	现浇混凝土钢筋	钢筋种类、规格	t	按设计图示钢筋（网）长度（面积）乘以单位理论质量计算	1. 钢筋（网、笼）制作、运输 2. 钢筋（网、笼）安装
010416002	预制构件钢筋				
010416003	钢筋网片				
010416004	钢筋笼	1. 钢筋种类、规格 2. 锚具种类		按设计图示钢筋长度乘以单位理论质量计算	1. 钢筋制作、运输 2. 钢筋张拉
010416005	先张法预应力钢筋				
010416006	后张法预应力钢筋			按设计图示钢筋（丝束、绞线）长度乘以单位理论质量计算。 1. 低合金钢筋两端均采用螺杆锚具时，钢筋长度按孔道长度减 0.35 m 计算，螺杆另行计算。 2. 低合金钢筋一端采用镦头插片、另一端采用螺杆锚具时，钢筋长度按孔道长度计算，螺杆另行计算。 3. 低合金钢筋一端采用镦头插片、另一端采用帮条锚具时，钢筋增加 0.15 m 计算；两端均采用帮条锚具时，钢筋长度按孔道长度增加 0.3 m 计算。 4. 低合金钢筋采用后张混凝土自锚时，钢筋长度按孔道长度增加 0.35 m 计算。 5. 低合金钢筋（钢绞线）采用 JM、XM、QM 型锚具，孔道长度在 20 m 以内时，钢筋长度增加 1 m 计算；孔道长度 20 m以外时，钢筋（钢绞线）长度按孔道长度增加 1.8 m 计算。 6. 碳素钢丝采用锥形锚具，孔道长度在 20 m 以内时，钢丝束长度按孔道长度增加 1 m 计算；孔道长在 20 m 以上时，钢丝束长度按孔道长度增加 1.8 m 计算。 7. 碳素钢丝束采用镦头锚具时，钢丝束长度按孔道长度增力 0.35 m 计算。	
010416007	预应力钢丝				
010416008	预应力钢绞线	1. 钢筋种类、规格 2. 钢丝束种类、规格 3. 钢绞线种类、规格 4. 锚具种类 5. 砂浆强度等级			1. 钢筋、钢丝束、钢绞线制作、运输 2. 钢筋、钢丝束、钢绞线安装 3. 预埋管孔道铺设 4. 锚具安装 5. 砂浆制作、运输 6. 孔道压浆、养护

3. 螺栓、铁件（编码：010417）

螺栓、铁件工程清单项目设置及工程量计算规则见表 3.51。

表 3.51 螺栓、铁件工程清单项目设置及工程量计算规则

项目编码	项目名称	项目特征	计量单位	工程量计算规则	工程内容
010417001	螺栓	1. 钢材种类、规格 2. 螺栓长度 3. 铁件尺寸	t	按设计图示尺寸以质量计算	1. 螺栓（铁件）制作、运输 2. 螺栓（铁件）安装
010417002	预埋铁件				

4. 其他相关问题处理规定

(1) 混凝土垫层包括在基础项目内。

(2) 有肋带形基础、无肋带形基础应分别编码（第五级编码）列项，并注明肋高。

(3) 箱式满堂基础，可按清单计价规范中满堂基础、柱、梁、墙、板分别编码列项，也可利用计价规范中的第五级编码分别列项。

(4) 框架式设备基础，可按计价规范中设备基础、柱、梁、墙、板分别编码列项，也可利用计价规范中的第五级编码分别列项。

(5) 构造柱应按计价规范中矩形柱项目编码列项。

(6) 现浇挑檐、大沟板、雨篷、阳台与板（包括屋面板、楼板）连接时，以外墙外边线为分界线；与圈梁（包括其他梁）连接时，以梁外边线为分界线。外边线以外为挑檐、天沟、雨篷或阳台。

(7) 整体楼梯（包括直形楼梯、弧形楼梯）水平投影面积包括休息平台、平台梁、斜梁和楼梯的连接梁。

(8) 现浇混凝土小型池槽、压顶、扶手、垫块、台阶、门框等，应按计价规范中其他构件项目编码列项。其中扶手、压顶（包括伸入墙内的长度）应按延长米计算，台阶应按水平投影面积计算。

(9) 三角形屋架应按计价规范中折线型屋架项目编码列项。

(10) 不带肋的预制遮阳板、雨篷板、挑檐板、栏板等，应按计价规范中平板项目编码列项。

(11) 预制 F 形板、双 T 形板、单肋板和带反挑檐的雨篷板、挑檐板、遮阳板等，应按计价规范中带肋板项目编码列项。

(12) 预制大型墙板、大型楼板、大型屋面板等，应按计价规范中大型板项目编码列项。

(13) 预制钢筋混凝土楼梯，可按斜梁、踏步分别编码（第五级编码）列项。

(14) 预制钢筋混凝土小型池槽、压顶、扶手、垫块、隔热板、花格等，应按计价规范中其他构件项目编码列项。

(15) 贮水（油）池的池底、池壁、池盖可分别编码（第五级编码）列项。有壁基梁的，应以壁基梁底为界，以上为池壁，以下为池底；无梁池盖的柱高应从池底上表面算至池盖下表面，柱帽和柱座应在柱体积内。肋形池盖应包括主、次梁体积。

(16) 贮仓立壁和贮仓漏斗可分别编码（第五级编码）列项，应以相互交点水平线为界，壁上圈梁应并入漏斗体积内。

(17) 滑模筒仓按计价规范中贮仓项目编码列项。

(18) 水塔基础、塔身、水箱可分别编码（第五级编码）列项。筒式塔身应以筒座上表面或基础底板上表面为界；柱式（框架式）塔身应以柱脚与基础底板或梁顶为界，与基础板连接的梁应并入基础体积内。塔身与水箱应以箱底相连接的圈梁下表面为界，以上为水箱，以下为塔身。依附于塔身的过梁、雨篷、挑檐等，应并入塔身体积内；柱式塔身应不分柱、梁合并计算。依附于水箱壁的柱、梁，应并入水箱壁体积内。

(19) 现浇构件中固定位置的支撑钢筋、双层钢筋用的“铁马”、伸出构件的锚固钢筋、预制构件的吊钩等，应并入钢筋工程量内。

5. 工程量计算

(1) 板钢筋的计算

①计算范围：受力筋、分布筋、构造筋。

②计算方法：

图 3.36 板钢筋示意图（一）

图 3.37 板钢筋示意图（二）

相关计算公式：

底筋长度＝净跨＋2 ×max（支座宽/2，5d）＋2 × 6.25d（一级钢筋）＋搭接

面筋长度＝净跨＋2×l_a＋2 × 6.25d（一级钢筋）＋搭接

备注：l_a：非抗震；l_{aE}：抗震。

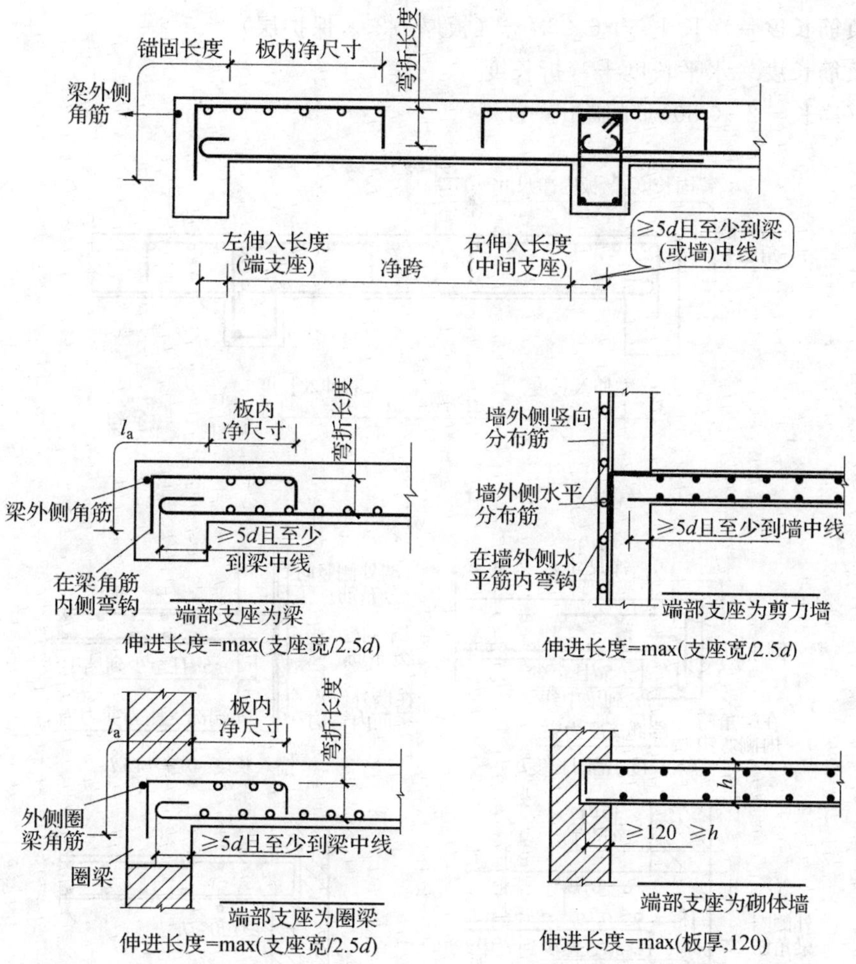

图 3.38　钢筋支座伸入长度示意图

③根数＝（净跨－2 × 50）/间距＋1

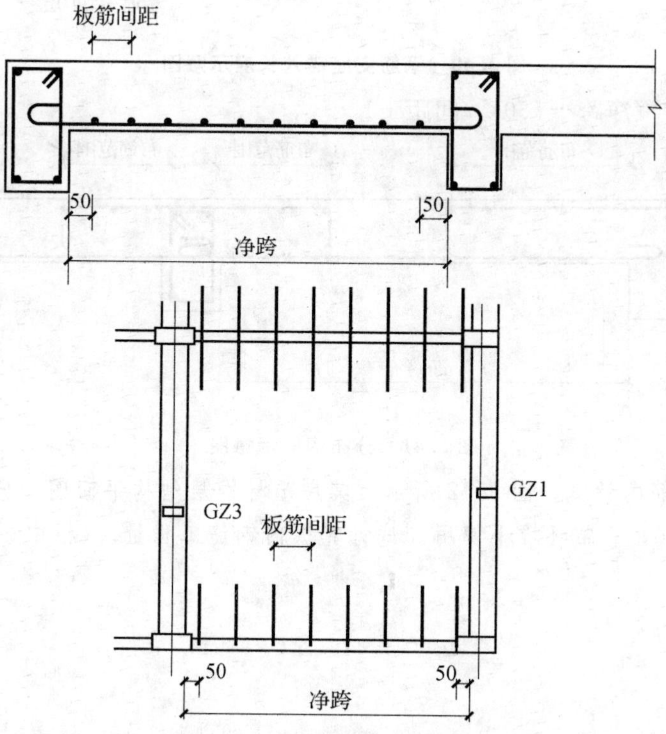

图 3.39　板钢筋布置示意图

④端支座负筋长度＝净长＋l_a＋6.25d＋（板厚－2 ×保护层）

中间支座负筋长度＝水平长度＋弯折长度

根数＝［（净长－2 × 50）/间距］＋1

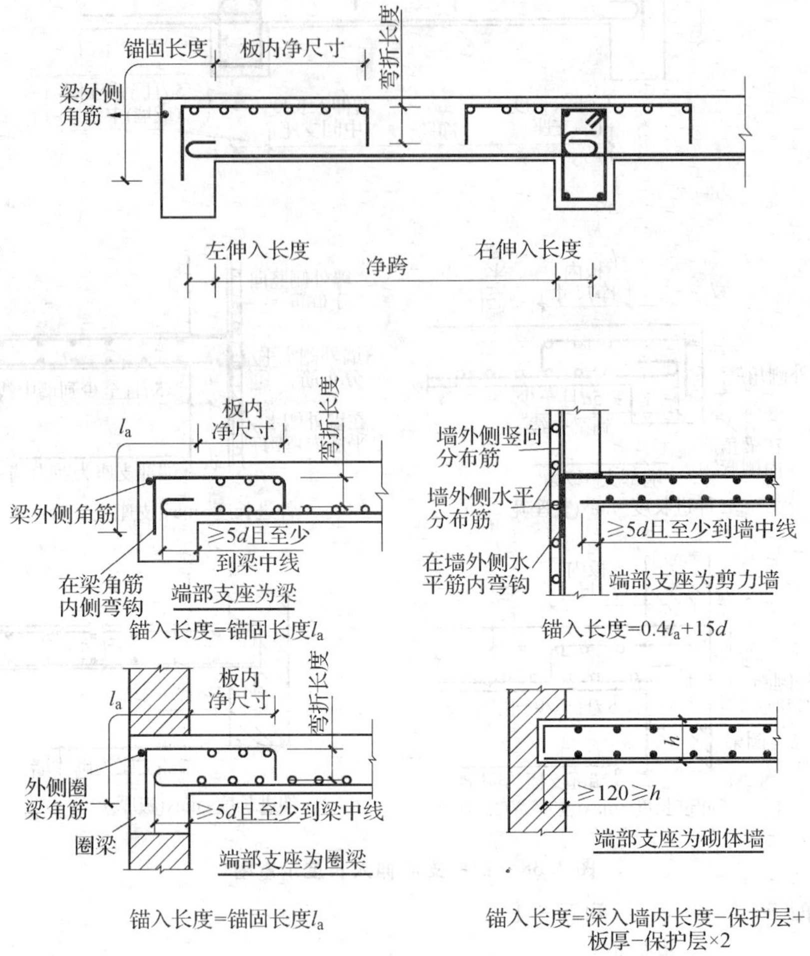

图 3.40　钢筋支座锚入长度示意图

⑤分布钢筋根数 ＝（净跨 － 50）/间距＋1

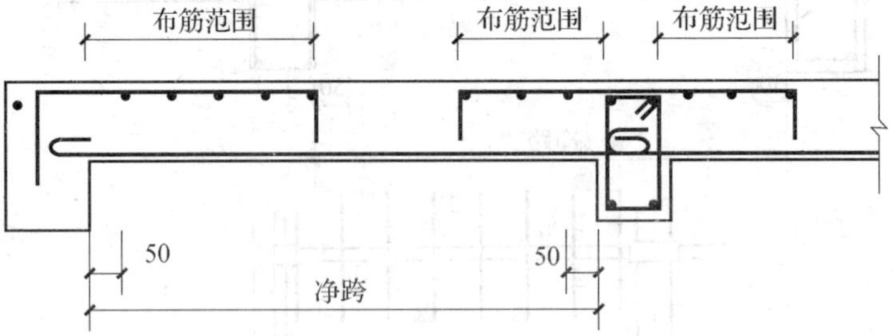

图 3.41　分布钢筋示意图

【例 3.12】　板钢筋的计算。图 3.42 所示为某房屋标准层结构平面图。已知板的混凝土强度等级为 C25，板厚 100 mm，正常环境下使用。试计算板内钢筋工程量。（板中未注明分布钢筋按φ 6@200 计算）

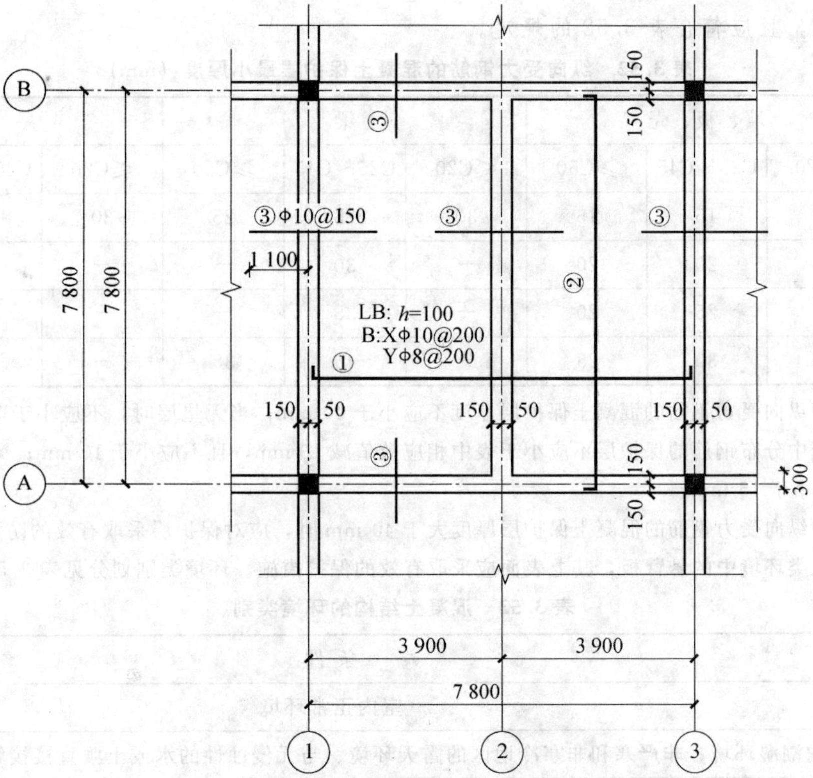

图 3.42　某房屋板钢筋示意图

解　通过对图 3.42 的分析可知，板中共需配置三种钢筋：①号、②号受力钢筋和③号负弯矩筋按构造要求在③号负弯矩筋下设置分布钢筋。

1. 计算钢筋长度

(1) ①号钢筋（ϕ10@200）、②号钢筋（ϕ8@200）

从图中可看出：

①号钢筋（ϕ10）每根钢筋长度＝轴线长＋两个弯钩长

本例弯钩长的取值如下：

$$180^\circ\text{弯钩每个长}=6.25d$$

$$90^\circ\text{弯钩每个长}=3.5d$$

$$135^\circ\text{弯钩每个长}=4.9d$$

则：①号钢筋（ϕ10）每根长度＝3.9×2＋2×6.25×0.01＝7.93（m）

①号钢筋（ϕ10）的根数$=\dfrac{\text{钢筋设置区域长}}{\text{钢筋设置间距}}+1=\dfrac{7.8-0.15\times2-0.05\times2}{0.2}+1=37+1=38$（根）

①号钢筋（ϕ10）总长＝①号钢筋每根长度×根数＝7.93×38＝301.34（m）

同理：

②号钢筋（ϕ8）总长$=(7.8+2\times6.25\times0.008)\times\left(\dfrac{3.9-0.15\times2-0.05\times2}{0.2}+1\right)\times2$

$\approx7.9\times(18+1)\times2$

$=300.2$（m）

(2) ③号钢筋（ϕ10@150）

③号钢筋（ϕ10）每根长度＝直长度＋两个弯折长度

弯折长度＝板厚－板上部保护层厚度

混凝土保护层厚度按国家《混凝土结构设计规范》（GB 50010—2002）确定。规范规定：纵向受力的普通钢筋、预应力钢筋，其混凝土保护层厚度（钢筋外边缘至混凝土表面的距离）不应小于钢筋的公称直径，且应符合表3.52的规定。

表3.52　纵向受力钢筋的混凝土保护层最小厚度（mm）

环境类别		墙、板、壳			梁			柱		
		≤C20	C25～C45	≥C50	≤C20	C25～C45	≥C50	≤C20	C25～C45	≥C50
一		20	15	15	30	25	25	30	30	30
二	a	—	20	20	—	30	—	—	30	30
	b	—	25	20	—	35	—	—	35	30
三		—	30	25	—	40	35	—	40	35

注：1. 基础中纵向受力钢筋的混凝土保护层厚度不应小于40 mm；当无垫层时，不应小于70 mm。

2. 板、墙、壳中分布钢筋的保护层不应小于表中相应数值减10 mm，且不应小于10 mm；梁中箍筋和构造钢筋的保护层厚度不应小于15 mm。

3. 当梁、柱中纵向受力钢筋的混凝土保护层厚度大于40 mm时，应对保护层采取有效的防裂构造措施。

4. 处于二、三类环境中的悬臂板，其上表面应采取有效的保护措施。环境类别划分见表3.53。

表3.53　混凝土结构的环境类别

环境类别		条　件
一		室内正常环境
二	a	室内潮湿环境；非严寒和非寒冷地区的露天环境、与无侵蚀性的水或土壤直接接触的环境
	b	严寒和寒冷地区的露天环境、与无侵蚀性的水或土壤直接接触的环境
三		室内潮湿环境；严寒和寒冷地区的冬季水位变动的环境；冰海室外环境
四		海水环境
五		受人为或自然的侵蚀性物质影响的环境

注：严寒和寒冷地区的划分应符合国家现行标准《民用建筑热工设计规程》（JGJ24）的规定。

③号钢筋（ϕ10）每根长度＝1.1×2＋2×（0.1－0.015）＝2.2＋0.17＝2.37（m）

$$③号钢筋根数=\left(\frac{7.8-0.15\times2-0.05\times2}{0.15}+1\right)\times3+\left(\frac{3.9-0.15\times2-0.05\times2}{0.15}+1\right)\times2\times2$$

$$\approx(49+1)\times3+(23+1)\times2\times2$$

$$=246（根）$$

③号钢筋（ϕ10）总长＝2.37×246＝583.02（m）

（3）分布钢筋（ϕ6@200）

分布钢筋不设弯钩，所以：分布钢筋（ϕ6）每根长度＝7.8 m

$$分布钢筋根数=\left(\frac{1.1\times2}{0.2}+1\right)\times5=(11+1)\times5=60（根）$$

分布钢筋（ϕ6）总长＝7.8×60＝468（m）

2. 计算钢筋质量

钢筋质量＝钢筋总长×钢筋每米长质量

ϕ10钢筋质量＝（301.34＋583.02）×0.617＝884.36×0.617＝545.65（kg）

ϕ8钢筋质量＝300.2×0.395＝118.58（kg）

ϕ6钢筋质量＝468×0.222 ＝ 103.90（kg）

（2）柱钢筋的计算

①计算范围：纵向受力筋、箍筋；

②计算方法

图 3.43　柱钢筋示意图

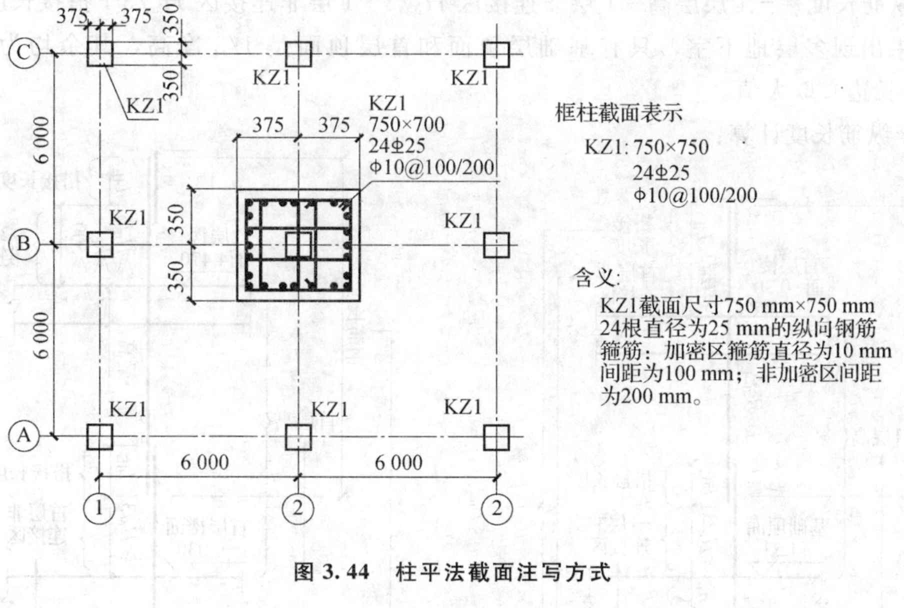

图 3.44　柱平法截面注写方式

a. 纵向受力筋

基础插筋计算：

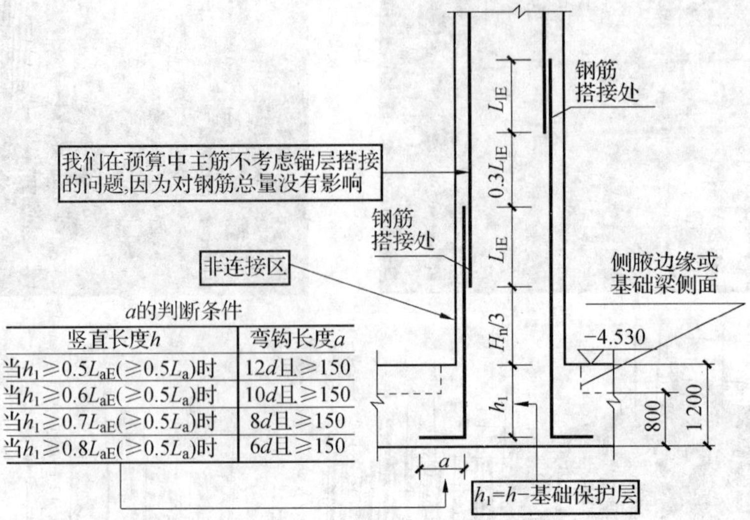

竖直长度h	弯钩长度a
当$h_1 \geqslant 0.5L_{aE}(\geqslant 0.5L_a)$时	$12d$且$\geqslant 150$
当$h_1 \geqslant 0.6L_{aE}(\geqslant 0.5L_a)$时	$10d$且$\geqslant 150$
当$h_1 \geqslant 0.7L_{aE}(\geqslant 0.5L_a)$时	$8d$且$\geqslant 150$
当$h_1 \geqslant 0.8L_{aE}(\geqslant 0.5L_a)$时	$6d$且$\geqslant 150$

图 3.45 基础插筋计算

基础插筋长度＝弯折长度 a＋竖直长度 h_1＋非连接区 $H_n/3+L_{lE}$

式中 a——取值由 h_1 和锚固长度 L_{aE}决定；

h_1——基础高度 h－基础保护层厚度；

H_n——基础相邻层的净高（层高 － 梁高）；

L_{lE}——搭接长度（搭接率为 50％时，搭接长度 $L_{lE}=1.4L_{aE}$）；

注：搭接率为 25％时，搭接长度 $L_{lE}=1.2L_{aE}$。

负 1 层柱子纵筋长度计算：

纵筋长度＝－1 层层高—1 层非连接区 $H_n/3$＋1 层非连接区 $H_n/3$＋搭接长度

注：如果出现多层地下室，只有基础层顶面和首层顶面是 1/3 净高，其余均为（1/6 净高、500、柱截面长边）取大值。

1 层柱子纵筋长度计算：

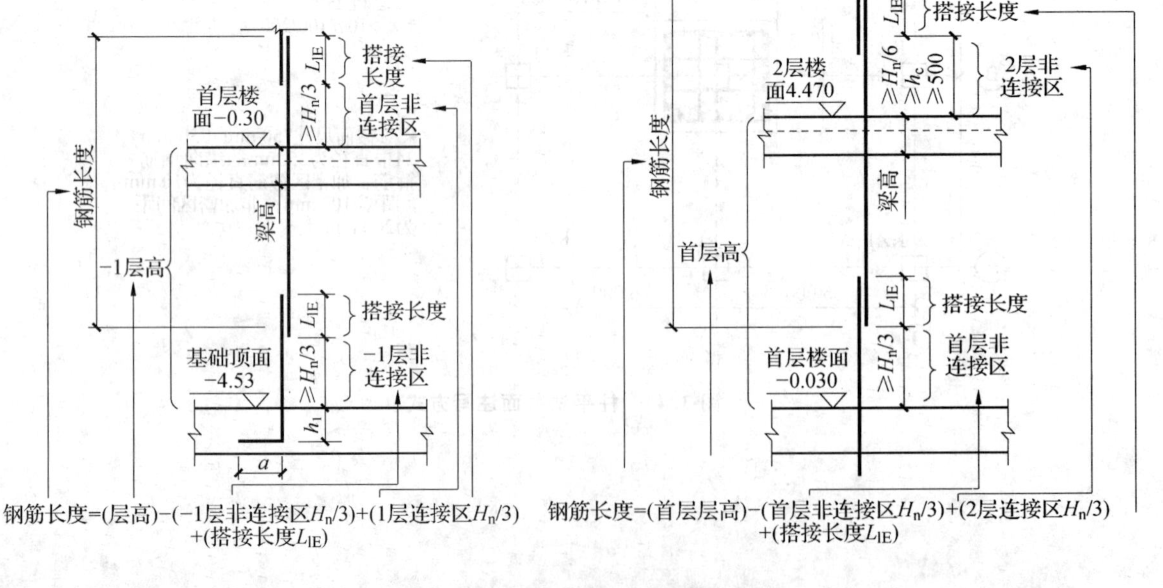

图 3.46 负 1 层及首层柱钢筋示意图

纵筋长度＝首层层高－首层非连接区 $H_n/3$＋max（$H_n/6$，h_c，500）＋搭接长度 L_{lE}

中间层柱子纵筋长度计算：

纵筋长度＝中间层层高－当前层非连接区＋（当前层＋1）非连接区＋搭接长度 L_{lE}

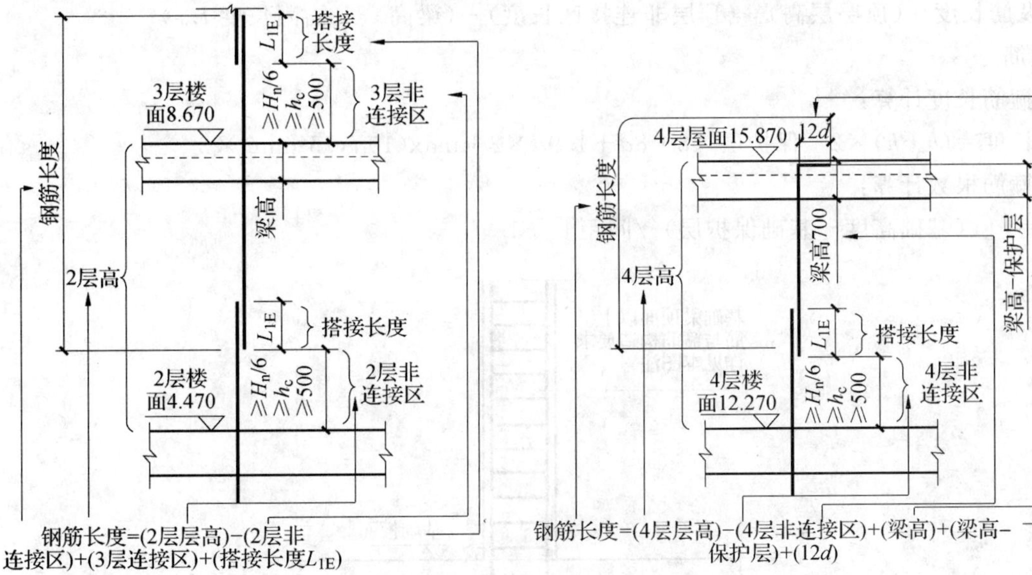

图 3.47　中间层及顶层钢筋示意图

注：非连接区＝max（$1/6H_n$、500、h_c）

如果是机械连接，搭接长度＝0。

顶层中柱纵筋长度计算：

中柱纵筋长度＝顶层层高－顶层非连接区－梁高＋（梁高－保护层）＋$12d$

非连接区＝max（$1/6H_n$、500、h_c）。

顶层边柱纵筋长度计算：

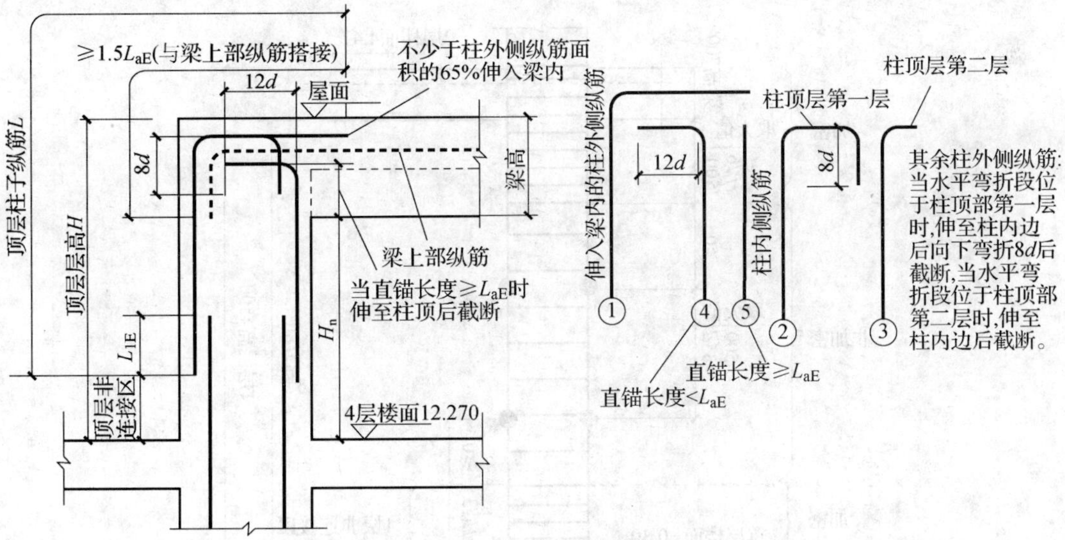

图 3.48　顶层边柱钢筋示意图

1 号纵筋长度＝(顶层层高)－(顶层非连接区长度)－(梁高)＋($1.5L_{aE}$)

2 号纵筋长度＝(顶层层高)－(顶层非连接区长度)－(梁高)＋(梁高－保护层)＋(与弯折平行的柱宽－2×保护层)＋($8d$)

3 号纵筋长度=(顶层层高)−(顶层非连接区长度)−(梁高)+(梁高−保护层)+(与弯折平行的柱宽−2×保护层)

4 号纵筋长度=(顶层层高)−(顶层非连接区长度)−(梁高)+(梁高−保护层)+(12d)

5 号纵筋长度=(顶层层高)−(顶层非连接区长度)−(梁高)+(锚固长度 L_{aE})

b. 箍筋

基础箍筋长度计算：

柱箍长度=$(b+h)$×2−保护层×8+8d+1.9d×2+max(10d,75 mm)×2

基础箍筋根数计算：

根数=［（基础高度−基础保护层）/间距］−1

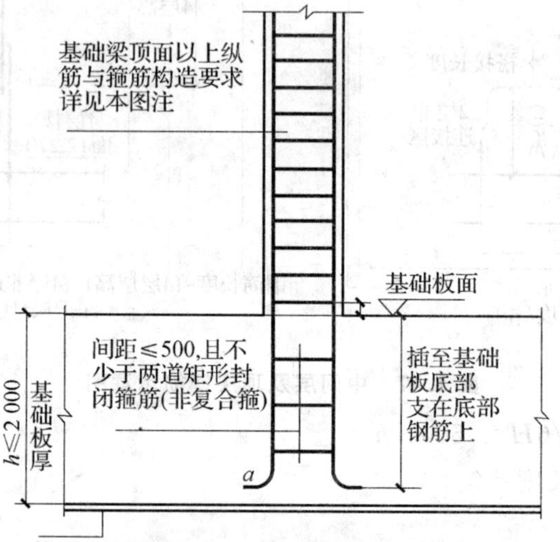

柱插筋构造(一)(基础板底部于顶部配置筋同)

图 3.49　基础箍筋示意图

1 层箍筋根数计算：

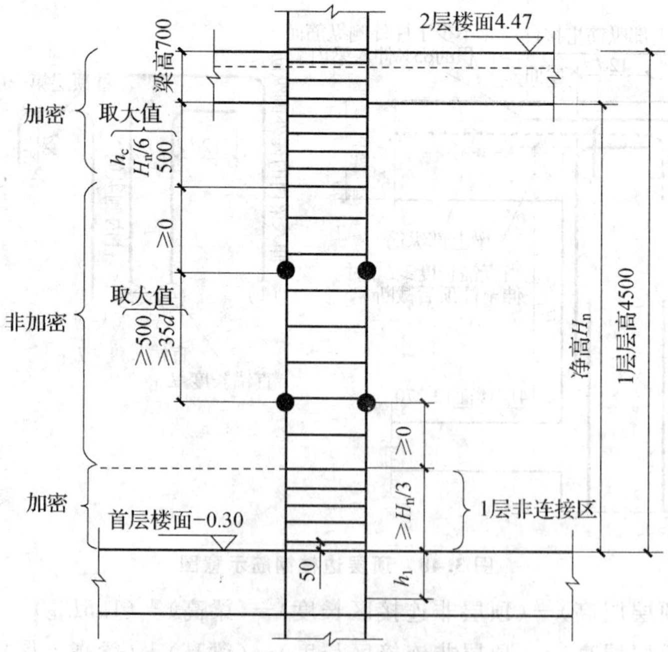

图 3.50　首层箍筋示意图

顶层箍筋根数计算：

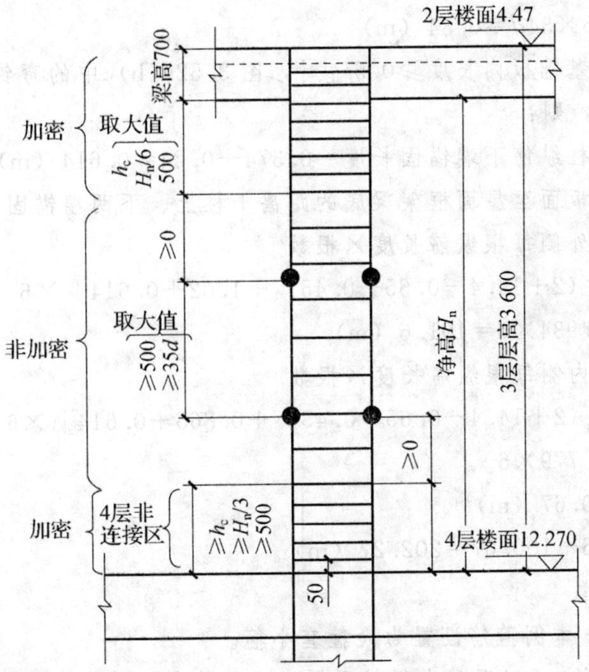

图 3.51　顶层箍筋示意图

【例 3.13】　柱钢筋计算。已知某工程为四层框架结构办公楼，各层层高 3.6 m，屋面板顶标高为 14.4 m，屋面框架梁截面尺寸为 300 mm×650 mm。钢筋混凝土筏片基础底板厚 450 mm，内配ϕ18 的钢筋，基础底标高为−2.0 m。KZ1（C30）的截面尺寸为 450 mm×450 mm，内配纵筋 12ϕ20、箍筋ϕ8@200。试计算 KZ1 的钢筋工程量。

解　框架柱钢筋上部伸入屋面框架梁锚固，下部伸入基础锚固。其形式如图 3.52 所示。层与层之间钢筋采用电渣压力焊连接。

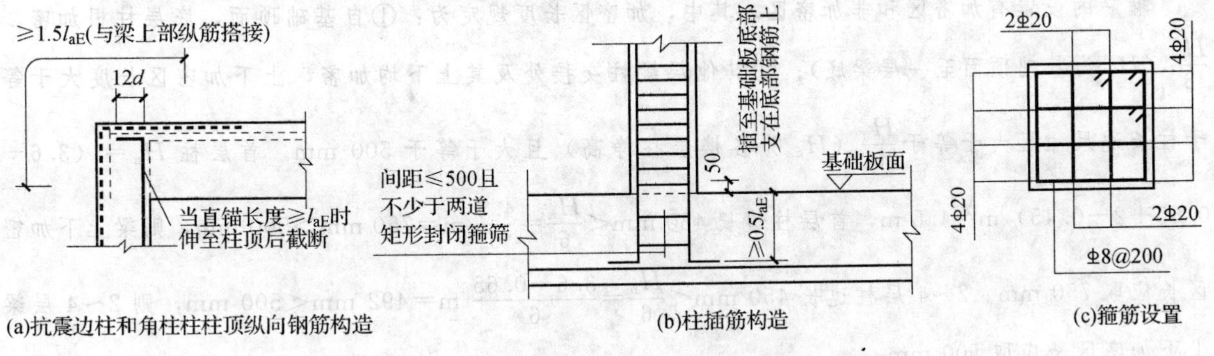

图 3.52　柱钢筋锚固、箍筋设置示意图

计算钢筋长度：

（1）纵筋

由图 3.52 及纵向受拉钢筋抗震锚固长度 l_{aE} 可知：

柱外侧纵筋上端锚固长度 $=1.5l_{aE}=1.5\times34d=1.5\times34\times0.02=1.02$（m）

因柱内侧纵筋在梁内直锚长度＝梁高−保护层厚 $=0.65-0.025=0.625$（m）$<l_{aE}$

$=34\times0.02=0.68$（m）

则：

柱内侧纵筋上端锚固长度＝柱直锚长度 $+12d=0.625+12\times0.02=0.865$（m）

柱筋插入基础板内长度＝基础板厚－保护层厚－2×基础钢筋直径＝0.45－0.04－2×0.018＝0.374（m）＞$0.5l_{aE}$＝0.5×34d＝0.34（m）

按规定：当柱筋插入基础板内长度≥$0.5l_{aE}$时，图3.52（b）中的弯钩长度“a”应取12d且≥150 mm。因12d＝0.24 m，则：

柱纵筋下端锚固长度＝0.374＋0.24＝0.614（m）

每根纵筋长度＝基础板面至屋面框架梁底的距离＋柱上、下两端锚固长度

柱外侧纵筋长度＝柱外侧每根纵筋长度×根数
＝［（2＋14.4－0.65－0.45）＋1.02＋0.614］×6
＝16.934×6＝101.6（m）

柱内侧纵筋长度＝柱内侧每根纵筋长度×根数
＝［（2＋14.4－0.65－0.45）＋0.865＋0.614］×6
＝16.779×6
＝100.67（m）

柱纵筋总长度＝101.6＋100.67＝202.27（m）

（2）箍筋

由图3.52（c）可知：本例箍筋设置为大箍套小箍。

每根大箍筋长＝柱周长－8×混凝土保护层厚度＋箍筋弯钩增加长度＋8d
＝0.45×4－8×0.03＋11.87×0.008×2＋8×0.008
＝1.8－0.24＋0.19＋0.064
＝1.81（m）

每根小箍筋长＝$\left(\frac{0.45-0.03\times2}{3}+0.45-0.03\times2\right)\times2+11.87\times0.008\times2+8\times0.008$
＝1.04＋0.19＋0.064
＝1.29 m

箍筋的设置有加密区和非加密区。其中，加密区长度规定为：①自基础顶面，底层柱根加密≥$\frac{H_n}{3}$（H_n为基础顶面至一层梁底）；②其他层梁柱交接处及其上下均加密，上下加密区长度大于等于柱长边尺寸且大于等于$\frac{H_n}{6}$（H_n为各楼层柱净高）且大于等于500 mm。首层柱H_n＝（3.6－0.65＋2－0.45）m＝4.5 m，首层柱边长450 mm＜$\frac{H_n}{6}=\frac{4.5}{6}$ m＝750 mm＞500 mm，则梁上下加密区长应取750 mm。2～4层柱边长450 mm＜$\frac{H_n}{6}=\frac{3.6-0.65}{6}$ m＝492 mm＜500 mm，则2～4层梁上下加密区长应取500 mm。

加密区长＝$\frac{4.5}{3}$＋0.75＋（0.65＋0.5）×3＋0.5＝6.2（m）

非加密区长＝14.4＋2－0.45－6.2＝9.75（m）

箍筋设置个数＝$\left[\frac{6.2}{0.1}+\frac{9.75}{0.2}+1+2\right.$（插入基础底板）$\left.\right]$＝114（个）

箍筋长度＝1.81×114＋1.29×114×2＝500.46（m）

（3）计算钢筋工程量

ϕ20钢筋工程量＝202.27×2.466＝498.8（kg）

ϕ8钢筋工程量＝500.46×0.395＝197.68（kg）

【例3.14】 砌体拉结钢筋计算。已知某多层砖混结构房屋的标准层层高为3.2 m，每层均设

圈梁，圈梁高300 mm，其顶部与楼板平齐；在房屋的转角及纵横墙交接处均设置了构造柱；墙厚240 mm。试计算标准层拉结钢筋工程量。

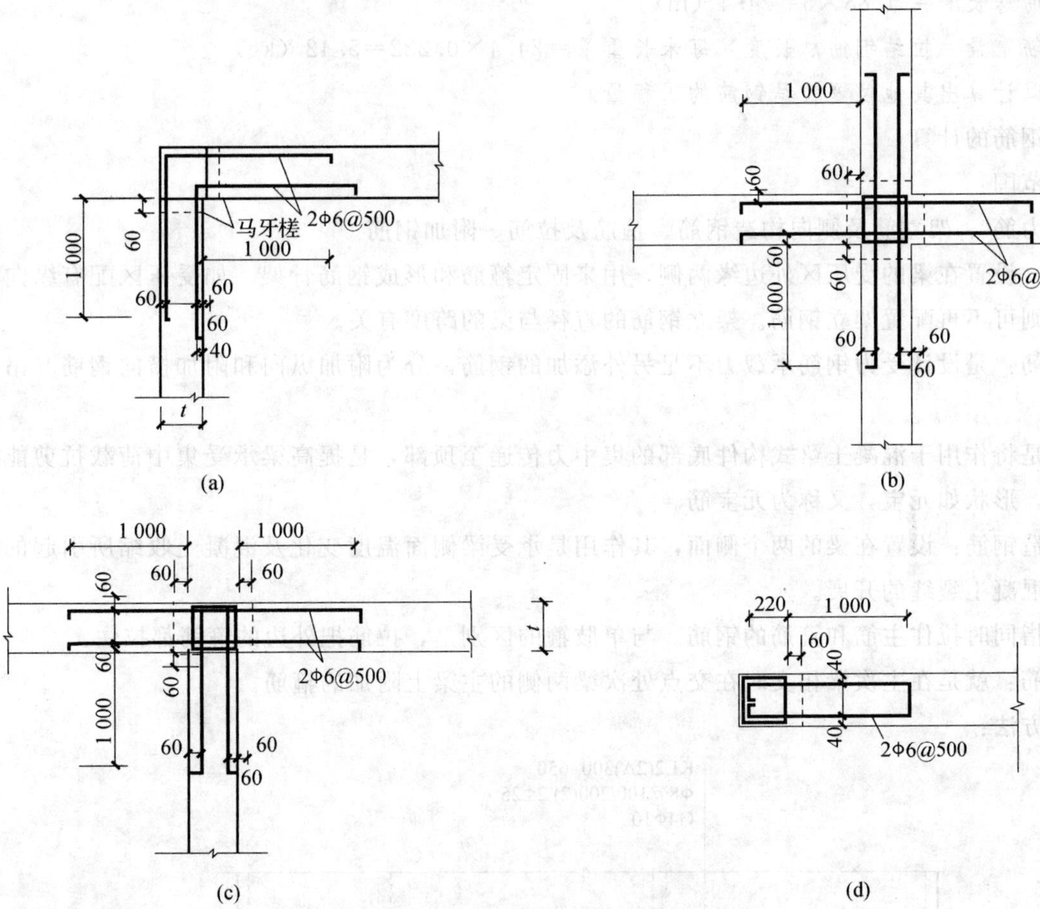

图 3.53　砌体中拉结钢筋

解　为加强房屋的整体性，在砌体中设置了拉结钢筋。规范规定其设置情况为：(1) 砖墙的纵横交接处。(2) 隔墙与墙（柱）不能同时砌筑且也不能留斜槎时，可留直槎，但必须是阳槎，并加设拉结筋。要求拉结筋应不少于2φ6，间距500 mm，且伸入墙内不少于500 mm。(3) 设有钢筋混凝土构造柱的抗震多层砖混结构房屋，墙与柱沿高度每隔500 mm设2φ6钢筋，伸入墙内不少于1 000 mm。如图3.53所示。

计算拉结钢筋工程量：

通过对拉结钢筋的作用进行分析，可以知道：拉结钢筋应在圈梁间设置。由图3.54 (a) 可知每道拉结钢筋的长度＝（1＋0.24－0.06＋0.04）×2×2（根）＝1.22×2×2＝4.88（m）

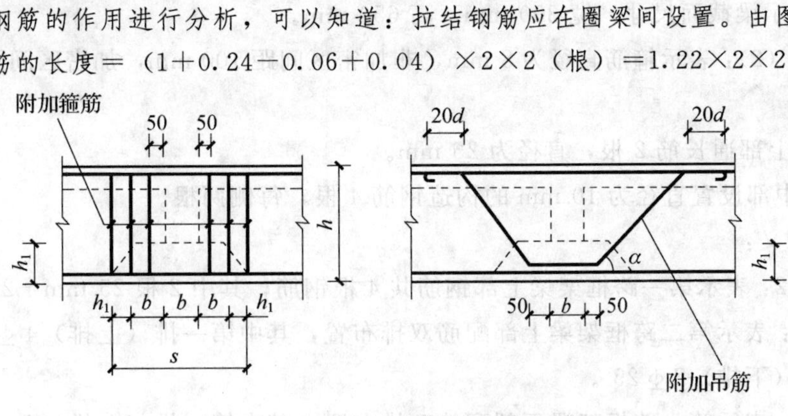

图 3.54　附加箍筋、附加吊筋示意图

拉结钢筋设置道数$=\frac{\text{拉结钢筋设置区域的长度}}{\text{拉结钢筋间距}}-1=\frac{3.2-0.3}{0.5}-1\approx 5$（道）

拉结钢筋总长度＝ 4.88×5＝24.4（m）

拉结钢筋重量＝拉结钢筋总长度×每米长重量＝24.4×0.222＝5.42（kg）

同理可以计算出其他位置拉结钢筋的工程量。

（3）梁钢筋的计算

①计算范围：

纵向受力筋 、架立筋及侧向构造钢筋、箍筋及拉筋、附加钢筋。

架立筋：设置在梁的受压区外边缘两侧，用来固定箍筋和形成钢筋骨架。如受压区配有纵向受压钢筋时，则可不再配置架立钢筋。架立钢筋的直径与梁的跨度有关。

附加钢筋：是设计受力钢筋承载力不足另外添加的钢筋，分为附加纵向和附加横向钢筋（吊筋和箍筋）。

吊筋：是将作用于混凝土梁式构件底部的集中力传递至顶部，是提高梁承受集中荷载抗剪能力的一种钢筋，形状如元宝，又称为元宝筋。

侧向构造钢筋：设置在梁的两个侧面，其作用是承受梁侧面温度变化及混凝土收缩所引起的应力，并抑制混凝土裂缝的开展。

拉筋：指同时拉住主筋和箍筋的钢筋。与单肢箍的区别是，拉筋把外边的箍筋都拉住。

次梁加筋：就是在主次梁相交时在交点处次梁两侧的主梁上附加的箍筋。

②计算方法：

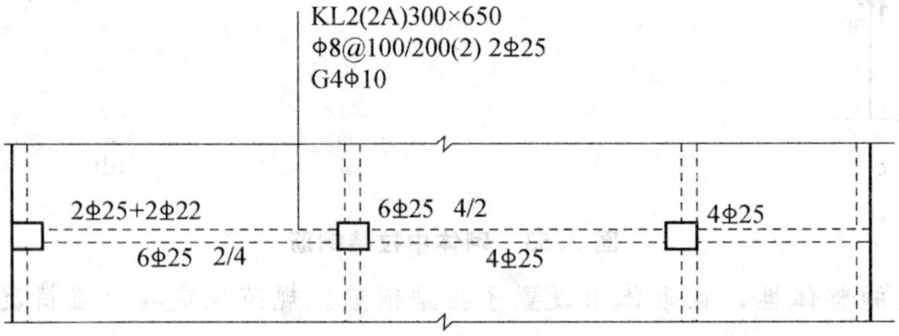

图 3.55 梁示意图

集中标注的含义：

KL2（2A）：框架梁 2（2 为此梁的编号），共两跨（2 代表跨数），并有一端为悬挑（A 表示一端悬挑，B 表示两端悬挑）。

300×650：表示梁截面尺寸，宽 300 mm，高 650 mm。

ф 8@100/200（2）：表示箍筋直径为 8 mm，非加密区间距 100 mm，加密区间距 200 mm。形式为双肢箍。

2 ф 25：表示上部通长筋 2 根，直径为 25 mm。

G4 ф 10：梁中部设置直径为 10 mm 的构造钢筋 4 根，每侧两根。

原位标注的含义：

2 ф 25＋2 ф 22：表示第一跨框架梁上部钢筋共 4 根钢筋，其中 2 根 25 mm＋2 根 22 mm。

6 ф 25（4/2）：表示第二跨框架梁上部配筋双排布置，其中第一排（上排）4 ф 25（包括 2 ф 25 通长筋），第二排（下排）2 ф 25 。

6 ф 25（2/4）：表示第一跨框架梁下部配筋双排布置，其中第一排（上排）2 ф 25（包括 2 ф 25 通长筋），第二排（下排）4 ф 25 。

4 ф 25：表示第二跨框架梁下部配筋。

①上部通长筋计算

计算公式：长度＝净跨长＋左支座锚固＋右支座锚固

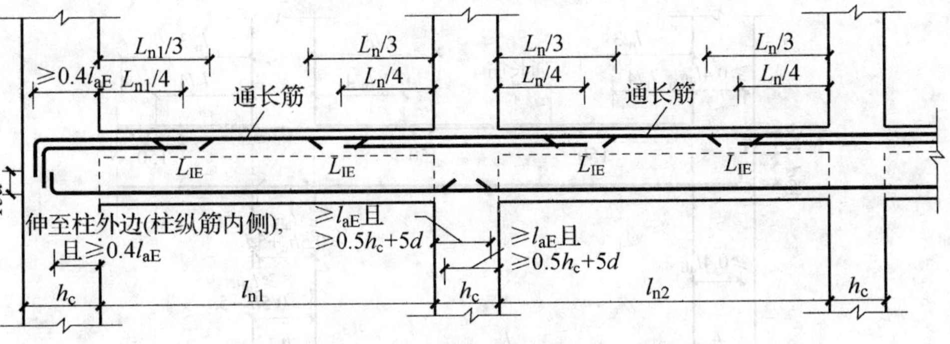

图 3.56　一、二级抗震等级楼层框架梁 KL 纵筋构造

左、右支座锚固长：

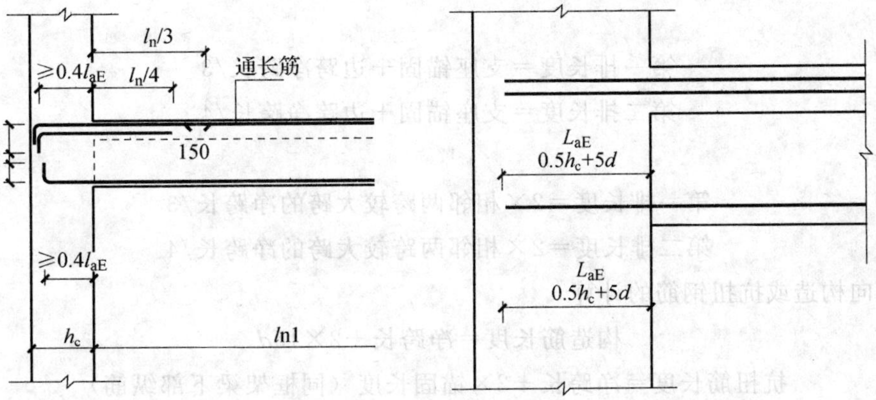

图 3.57　支座锚固示意图

左、右支座锚固长度的取值判断：

当 h_c－保护层（直锚长度）$\leqslant l_{aE}$时，必须弯锚：

$$弯锚长度＝h_c－保护层＋15d$$

当 h_c－保护层（直锚长度）$>l_{aE}$时，取 $\max(l_{aE},\ 0.5h_c+5d)$

②下部钢筋的计算

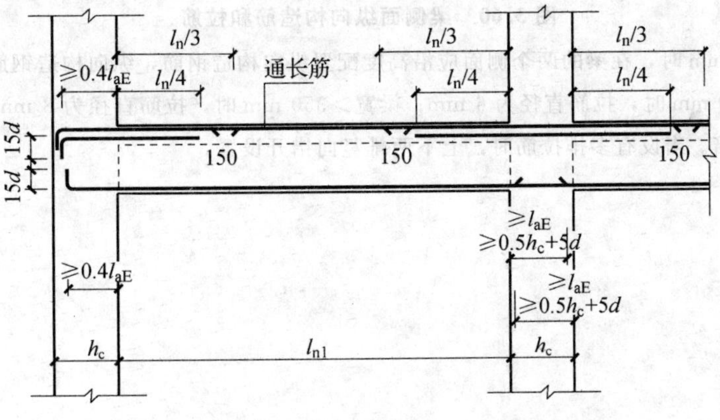

图 3.58　一、二级抗震等级楼层框架梁 KL

公式：长度＝净跨长＋边支座锚固＋中间支座锚固

中间支座下部筋锚固长度＝max（$0.5h_c+5d$，L_{aE}）

③支座负筋的计算

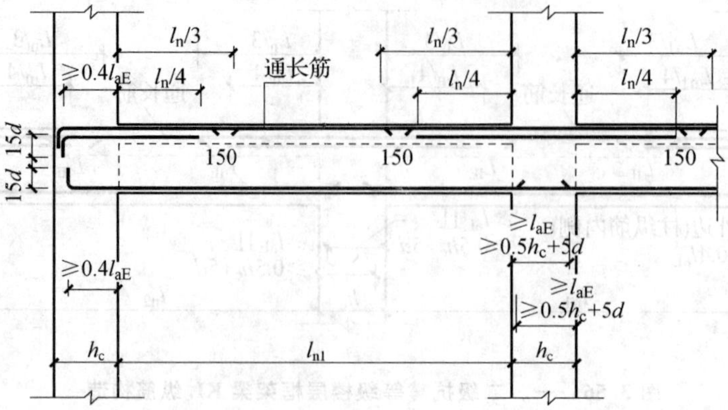

图 3.59　支座负筋

端支座：

第一排长度＝支座锚固＋边跨净跨长/3

第二排长度＝支座锚固＋边跨净跨长/4

中间支座：

第一排长度＝2×相邻两跨较大跨的净跨长/3

第二排长度＝2×相邻两跨较大跨的净跨长/4

④侧面纵向构造或抗扭钢筋的计算

构造筋长度＝净跨长＋2×15d

抗扭筋长度＝净跨长＋2×锚固长度（同框架梁下部纵筋）

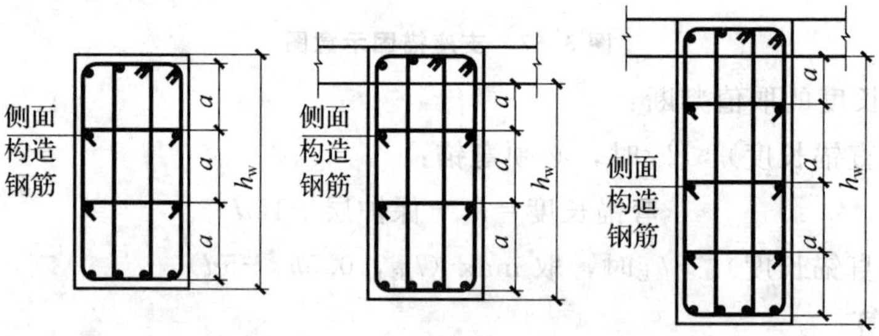

图 3.60　梁侧面纵向构造筋和拉筋

注：1. 当 $h_w \geqslant 450$ mm 时，在梁的两个侧面应沿高度配置纵向构造钢筋，纵向构造钢筋间距 $a \leqslant 200$ mm。

2. 当梁宽≤350 mm 时，拉筋直径为 6 mm；梁宽＞350 mm 时，拉筋直径为 8 mm。拉筋间距为非加密区箍筋间距的两倍。当设有多排拉筋时，上下两排竖向错开设置。

⑤箍筋长度计算

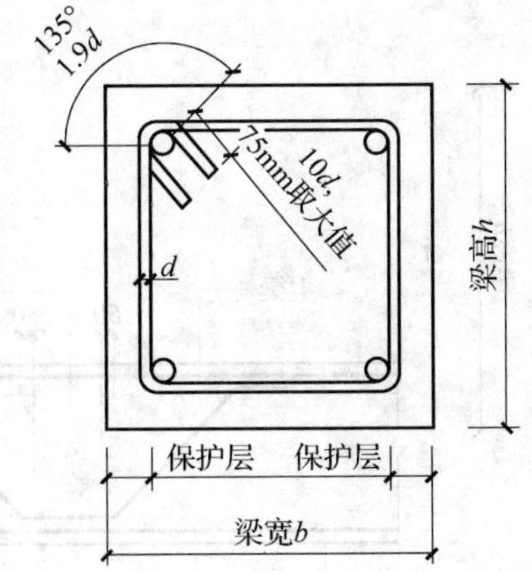

图 3.61　箍筋长度

箍筋长度＝（梁宽 b－保护层×2＋d×2）×2＋（梁高 h－保护层×2＋d×2）×2＋1.9d×2＋max（10d，75 mm）×2

⑥箍筋根数计算

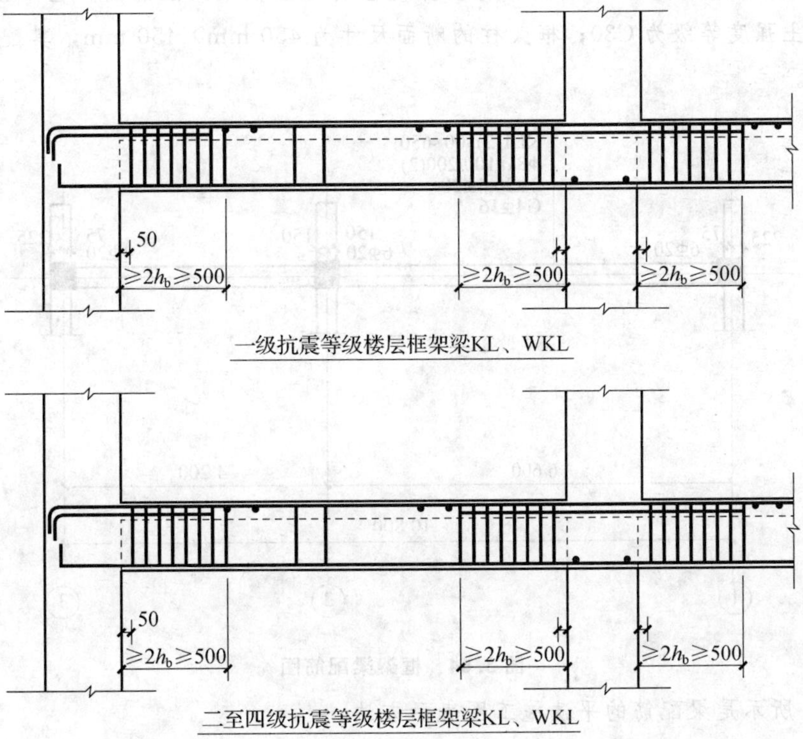

图 3.62　箍筋根数

箍筋根数＝[（左加密区长度－50）/加密间距＋1]＋（非加密区长度/非加密间距－1）＋[（右加密区长度－50）/加密间距＋1]

⑦ 拉筋长度和根数的计算

拉筋直径取值：梁宽≤350 取 6 mm，＞350 取 8 mm

拉筋长度＝梁宽－2×保护＋2×1.9d＋2×max（10d，75 mm）＋2d

$$拉筋根数=\left(\frac{净跨长-50\times 2}{非加密间距\times 2}+1\right)\times 排数$$

⑧ 吊筋的计算

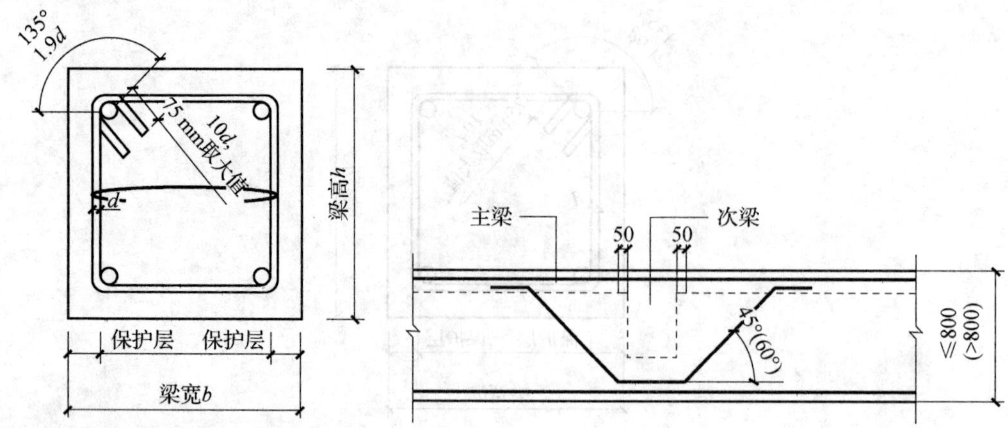

图 3.63　吊筋的计算

吊筋夹角取值：梁高≤800 取 45°，＞800 取 60°

$$吊筋长度=次梁宽+2\times50+2\times（梁高-2保护层）/\sin45°（60°）+2\times20d$$

【例 3.15】　梁钢筋计算。图 3.64 所示为某房屋标准层框架梁配筋图。已知该房屋抗震等级为二级，梁的混凝土强度等级为 C30；框架柱的断面尺寸为 450 mm×450 mm，其配筋为 12 Φ 20，在正常环境下使用。

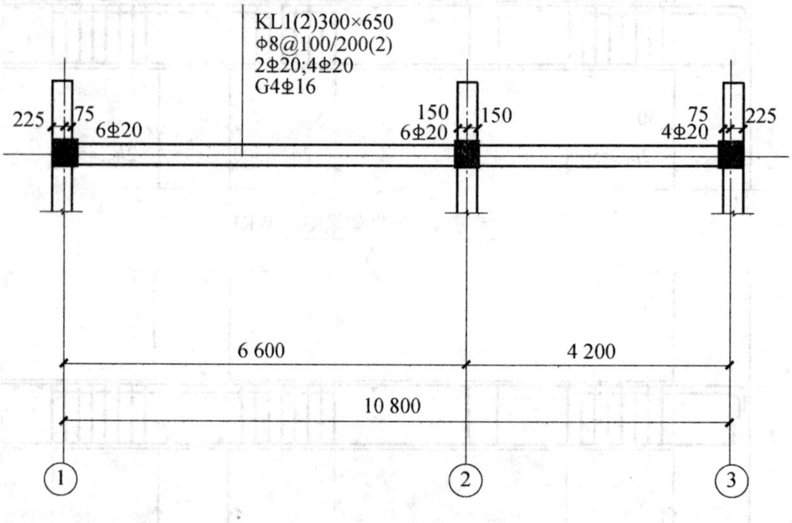

图 3.64　框架梁配筋图

解　图 3.64 所示是梁配筋的平法施工图表示方法。

1. 含义

(1) KL1 (2) 300×650：KL1 共设两跨，截面宽度 300 mm，截面高度 650 mm。

2 Φ 20：梁的上部贯通筋为 2 根Φ 20。

G4 Φ 16：按构造要求配置了 4 根Φ 16 的侧面纵向钢筋（即腰筋）

4 Φ 20：梁的下部贯通筋为 4 根Φ 20

Φ 8－100/200 (2)：箍筋直径Φ 8，加密区间距 100 mm，非加密区间距 200 mm，均为两肢箍

(2) ①轴支座处的 6 Φ 20：支座负弯矩筋共为 6 Φ 20，其中两根为上部贯通筋。

②、③轴支座处的 6 Φ 20、4 Φ 20 的配筋含义与①轴相同。

以上各种钢筋的配置情况如图 3.65 所示。（注：l_n 表示相邻两跨的最大值；h_b 指梁的高度）

2. 计算钢筋长度

由图 3.65 可知：

(1) 上部贯通筋 2Φ20

每根上部贯通筋的长度＝两端柱间净长度＋［$0.4l_{aE}+15d$］×2

$$=10.8-0.225\times2+(0.4\times34\times0.02+15\times0.02)\times2$$

$$=10.35+0.572\times2=11.49\ (\text{m})$$

上部贯通筋总长＝每根上部贯通筋的长度×根数＝11.49×2＝22.98 (m)

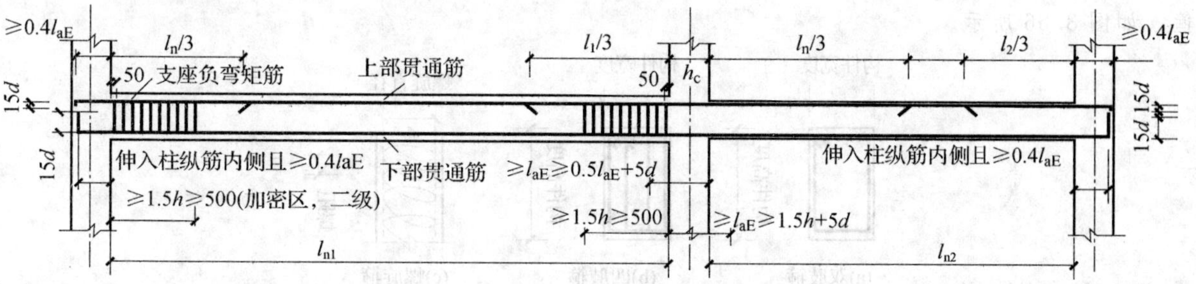

图 3.65 一、二级抗震等级楼层框架梁配筋示意图

(2) ①轴支座处负弯矩筋 6Φ20。

①轴支座处负弯矩筋共 6Φ20。其中，2Φ20 的上部贯通筋已在上式“(1)”中算出，在此只需计算 4Φ20。

①轴支座处每根负弯矩筋长度$=\dfrac{l_{n1}}{3}+0.4l_{aE}+15d$

$$=\frac{1}{3}\times(6.6-0.225\times2)+0.572$$

$$=2.05+0.572=2.62\ (\text{m})$$

①轴支座处负弯矩筋总长＝2.62×4＝10.48 (m)

同理：

②轴支座处负弯矩筋（Φ20）总长$=(\dfrac{l_n}{3}\times2+$支座宽度$)\times$根数

$$=\left[\frac{1}{3}\times(6.6-0.225\times2)\times2+0.45\right]\times4$$

$$=(2.05\times2+0.45)\times4$$

$$=4.55\times4=18.2\ (\text{m})$$

③轴支座处负弯矩筋（Φ20）总长$=\left[\dfrac{1}{3}\times(4.2-0.225\times2)+0.572\right]\times2$

$$=(1.25+0.572)\times2$$

$$=1.82\times2=3.64\ (\text{m})$$

(3) 第一跨下部贯通筋 4Φ20

由图可知：在①轴支座处，当钢筋不能直锚时，要伸至柱纵筋内侧且$\geq0.4l_{aE}$，然后弯折 $15d$。$0.4l_{aE}=0.4\times34d=0.4\times34\times0.02=0.27$ (m)。在②轴支座处的锚固长度应$\geq l_{aE}$且$\geq0.5h_c+5d$。$l_{aE}=34d=34\times0.02=0.68\ (\text{m})>0.5h_c+5d=0.5\times0.45+5\times0.02=0.33$ (m)，则

每根下部贯通筋的长度＝本跨净长度＋两端支座锚固长度

$$=6.6-0.225\times2+0.27+15\times0.02+0.68$$

$$=6.15+1.25=7.4\ (\text{m})$$

第一跨下部贯通筋总长＝7.4×4＝29.6（m）

同理：

第二跨下部贯通筋总长＝（4.2－0.225×2＋0.27＋15×0.02＋0.68）×4

＝（3.75＋1.25）×4＝5.0×4＝20.0（m）

（4）箍筋（φ8）

箍筋长度＝每根箍筋长度×箍筋个数

式中每根箍筋长度的计算与箍筋的设置形式有关。常见的箍筋形式有双肢箍、四肢箍及螺旋箍，如图3.66所示。

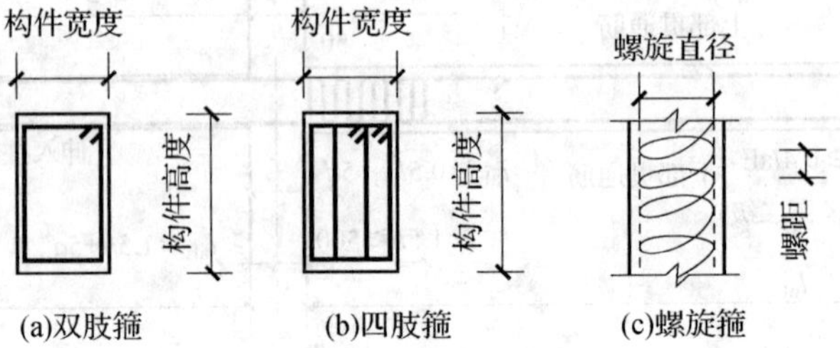

图3.66 箍筋形式示意图

双肢箍长度＝构件周长－8×混凝土保护层厚度＋箍筋弯钩增加长度＋8d

四肢箍长度＝一个双肢箍长度×2＝｛［（构件宽度－两端保护层厚度）×$\frac{2}{3}$＋构件高度－两端保护层厚度］×2＋箍筋弯钩增加长度＋8d｝×2

螺旋箍长度＝$\sqrt{(螺距)^2+(3.14\times 螺距直径)^2}$×螺旋圈数

式中箍筋弯钩增加长度见表3.54。

表3.54 箍筋弯钩增加长度

弯钩形式		180	90	135
弯钩增加值	一般结构	8.25d	5.5d	6.87d
	有抗震等要求结构	—	—	11.87d

本例箍筋形式为双肢箍，则

每根箍筋长度＝梁周长－8×混凝土保护层厚度＋箍筋弯钩增加长度＋8d

＝（0.3＋0.65）×2－8×0.025＋11.87×0.008×2＋8×0.008

＝1.9－0.2＋0.19＋0.06＝1.95（m）

由图3.65可知：框架梁中箍筋配置有加密区，加密区长度应≥1.5h_b且≥500 mm。因1.5h_b＝1.5×650＝975（mm）＞500 mm，所以加密区长度取975 mm。又因端部箍筋应距支座50 mm，则

$$第一跨箍筋个数=\frac{箍筋设置区域长}{箍筋间距}-1$$

$$=\frac{0.975-0.05}{0.1}\times 2+\frac{6.6-0.225\times 2-0.975\times 2}{0.2}+1$$

$$\approx 9\times 2+21+1=40（根）$$

$$第二跨箍筋个数=\frac{0.975-0.05}{0.1}\times 2+\frac{4.2-0.225\times 2-0.975\times 2}{0.2}+1$$

$$\approx 9\times 2+9+1=28（根）$$

箍筋总长度＝每根箍筋长度×（第一跨箍筋个数＋第二跨箍筋个数）

＝1.95×（40＋28）＝132.6（m）

(5) 腰筋ϕ16及拉筋

按构造要求，当梁腹板高大于450 mm时，应在梁的两侧沿梁高配置间距小于等于200 mm的腰筋，其锚固长度取15d。拉筋间距为非加密区箍筋间距的两倍，拉筋直径取ϕ8（梁宽＞350 mm）或ϕ6（梁宽≤350 mm），拉筋弯钩长度取10d和75 mm中的最大值。如图3.67所示。

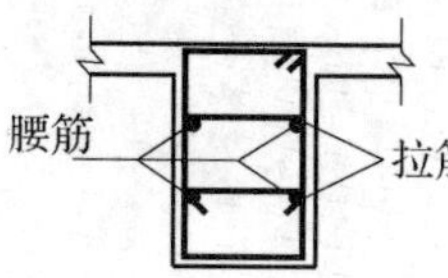

图3.67　腰筋及拉筋设置示意图

本例梁高650 mm，梁宽350 mm，设计配置4ϕ16腰筋，则

腰筋长度＝腰筋每根长度×腰筋根数

＝（①③支座间净长＋两端锚固长度）×腰筋根数

＝（10.8－0.225×2＋15×0.016×2）×4

＝10.83×4＝43.32（m）

拉筋弯钩长取75 mm且＞10d＝10×6＝60（mm）

拉筋（ϕ6）长度＝拉筋每根长度×腰筋根数

$$=（梁宽－两端保护层＋两个弯钩长）\times（\frac{腰筋长度}{拉筋间距}+1）\times 梁每侧腰筋根数$$

$$=(0.35-0.025\times2+0.075\times2)\times(\frac{10.83}{0.4}+1)\times2$$

≈0.45×28×2＝25.2（m）

3. 计算钢筋工程量

钢筋工程量＝钢筋长度×钢筋每米长质量

ϕ20钢筋工程量＝（22.98＋10.48＋18.2＋3.64＋29.6＋20.0）×2.47

＝104.9×2.47＝259.1（kg）

ϕ16钢筋工程量＝43.32×1.58＝68.45（kg）

ϕ8钢筋工程量＝132.6×0.395＝52.38（kg）

ϕ6钢筋工程量＝25.2×0.222＝5.59（kg）

3.5.3 模板工程量计算

1. 基础知识点

(1) 现浇混凝土模板分类

① 组合钢模板、钢支撑、木支撑。

② 复合木模板、钢支撑、木支撑。

③ 胶合板模板、钢支撑、木支撑。

④ 木模板、木支撑。

(2) 现浇混凝土梁、板、柱、墙是按支模高度（地面支撑点至模底或支模顶）3.6 m编制的，支模高度超过3.6 m时，另行计算模板支撑超高部分的工程量。

① 若立模高度超过3.6 m时，应从3.6 m以上，按每超过3 m增加一次计算套用定额项目。

② 超高支撑增加次数＝（立模高度－3.6 m）/3计算，不足3 m者也按1次计算。

③ 超高每增3 m的工程量，梁、板是按超高构件全部混凝土的接触面积计算的；柱和墙是按超高部分的混凝土接触面积计算的。

图 3.68　模板示意图

图 3.69　模板安装示意图

2. 工程量计算规则

现浇混凝土模板工程量计算：

(1) 现浇混凝土及预制钢筋混凝土模板工程量，除另有规定者外，应区别模板的材质，按混凝土与模板接触面的面积，以 m^2 计算。

(2) 定额附录中的混凝土模板含量参考表，系根据代表性工程测算而得，只能作为投标报价和编制标底时的参考。

(3) 现浇混凝土基础的模板工程量，按以下规定计算：

①现浇混凝土带形基础的模板，按其展开高度乘以基础长度，以 m^2 计算；基础与基础相交时重叠的模板面积不扣除；直形基础端头的模板，也不增加。

②杯形基础和高杯基础杯口内的模板，并入相应基础模板工程量内。杯形基础杯口高度大于杯口长边长度的，套用高杯基础定额项目。

(4) 现浇混凝土柱模板，按柱四周展开宽度乘以柱高，以 m^2 计算。

①柱、梁相交时，不扣除梁头所占柱模板面积。

②柱、板相交时，不扣除板厚所占柱模板面积。

现浇混凝土柱模板工程量＝柱截面周长×柱高

【例 3.16】 如图 3.70 所示，现浇混凝土框架柱 20 根，组合钢模板，钢支撑，计算钢模板工程量，确定定额项目。

解 现浇混凝土框架柱钢模板工程量＝0.45×4×4.50×20＝162.00（m^2）

现浇混凝土框架矩形柱组合钢模板，钢支撑套（定额）10－4－84 定额基价＝251.33（元/10 m^2）

超高次数：4.5－3.6＝0.90（m）≈1（次）

混凝土框架柱钢支撑一次超高工程量＝0.45×4 ×20 ×（4.50－3.60）＝32.40（m^2）

超高工程量＝32.40×1＝32.40（m^2）

柱支撑高度超过 3.6 m 钢支撑每超高 3 m 套（定额）10－4－102 定额基价＝34.90（元/10 m^2）

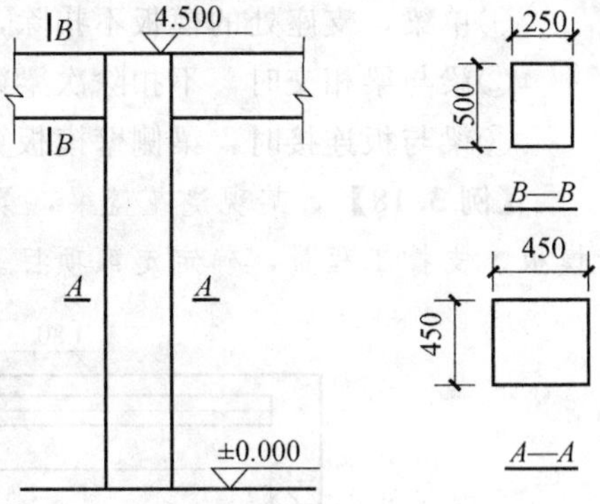

图 3.70 框架柱示意图

（5）构造柱模板，按混凝土外露宽度，乘以柱高以 m^2 计算。

① 构造柱与砌体交错咬茬连接时，按混凝土外露面的最大宽度计算。构造柱与墙的接触面不计算模板面积。

构造柱与砖墙咬口模板工程量＝混凝土外露面的最大宽度×柱高

② 构造柱模板子目，已综合考虑了各种形式的构造柱和实际支模大于混凝土外露面积等因素，适用于先砌砌体，后支模、浇筑混凝土的夹墙柱情况。

图 3.71 构造柱示意图

【例 3.17】 计算如图 3.72 所示的构造柱模板工程量，其中构造柱支模高度为 h，马牙槎宽度为 60 mm。

解 ①一字形接头处构造柱模板工程量 $S=（d_1+0.06×2）×2×h$

②L 形接头处构造柱模板工程量 $S=（d_1+d_2+0.06×4）×h$

③T 形接头处构造柱模板工程量 $S=（d_1+0.06×6）×h$

④十字形接头处构造柱模板工程量 $S=0.06×8×h$

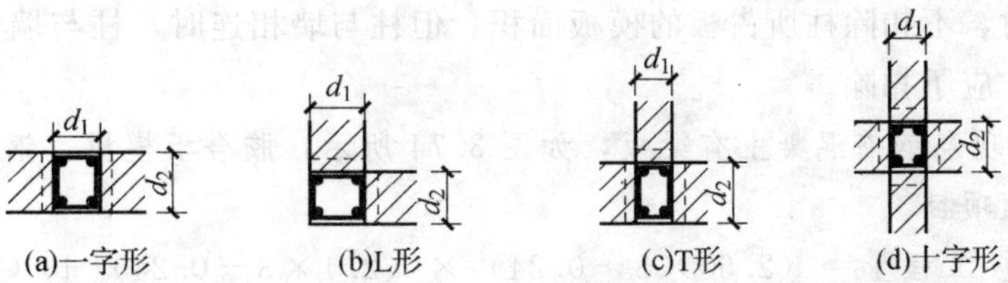

图 3.72 构造柱示意图

（6）现浇混凝土梁（包括基础梁）模板，按梁三面展开宽度乘以梁长，以 m^2 计算。

现浇混凝土梁模板工程量＝（梁底宽＋梁侧高×2）×梁长

①单梁，支座处的模板不扣除，端头处的模板不增加。

②梁与梁相交时，不扣除次梁梁头所占主梁模板面积。

③梁与板连接时，梁侧壁模板算至板下坪。

【例 3.18】 某现浇花篮梁，梁端有现浇梁垫，尺寸如图 3.73 所示。木模板，木支撑，计算梁模板、支撑工程量，确定定额项目。

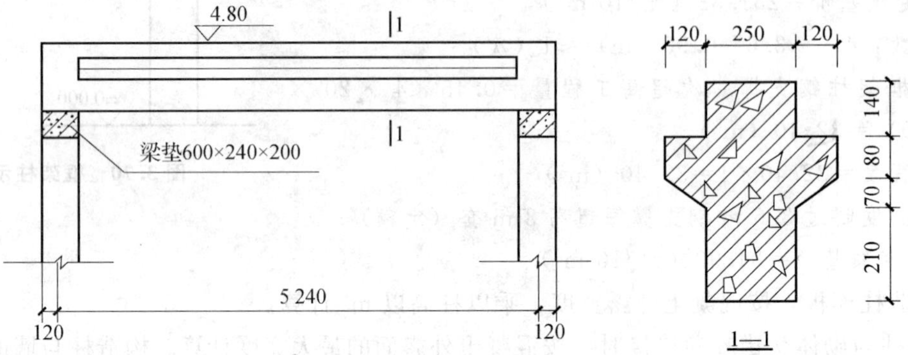

图 3.73 花篮梁示意图

解 （1）梁模板工程量

梁断面支模长度＝0.25＋［0.21＋（0.122＋0.072）1/2＋0.08＋0.12＋0.14］×2

＝1.627（m）

梁支撑超高工程量＝1.627×（5.24－0.24）＋（0.25＋0.5×2）×0.24×2＋0.60×0.20×4

＝9.335（m^2）

异形梁木模板，木支撑套 10－4－123 定额基价＝379.76 元/10 m^2

（2）梁支撑超高工程量＝9.335（m^2）

超高次数：（4.80－0.50－3.60）/3.00≈1（次）

木支撑每增加 3 m 套 10－4－131 定额基价＝73.86 元/10 m^2

（7）现浇混凝土墙模板，按混凝土与模板接触面积，以 m^2 计算。

①墙与柱连接时，柱侧壁按展开宽度，并入墙模板面积内计算。

②墙与梁相交时，不扣除梁头所占墙的模板面积。

③现浇混凝土墙模板中的对拉螺栓，定额按周转使用编制。若工程需要，对拉螺栓（或对拉钢片）与混凝土一起整浇时，按定额“附注”执行；对拉螺栓的端头处理，另行单独计算。

（8）现浇混凝土板的模板，按混凝土与模板接触面积，以 m^2 计算。

①伸入梁、墙内的板头，不计算模板面积。

②周边带翻檐的板（如卫生间混凝土防水带等），底板的板厚部分不计算模板面积；翻檐两侧的模板，按翻檐净高度，并入板的模板工程量内计算。

③板与柱相交时，不扣除柱所占板的模板面积。但柱与墙相连时，柱与墙等厚部分（柱的墙内部分）的模板面积，应予扣除。

【例 3.19】 某现浇钢筋混凝土有梁板，如图 3.74 所示，胶合板模板，钢支撑，计算有梁板模板工程量，确定定额项目。

解 （1）板模板工程量＝（2.60×3－0.24）×（2.4×3－0.24）＋（2.4×3 ＋ 0.24）×（0.50－0.12）×4＋（2.60×3＋0.24）×（0.40－0.12）×4＝72.93（m^2）

有梁板胶合板模板，钢支撑套 10－4－160 定额基价＝171.10 元/10 m^2

（2）有梁板支撑超高工程量＝72.93（m^2）

超高次数：（5.20－0.12－3.60）÷3.00≈1（次）

钢支撑每增加 3 m 套 10－4－176 定额基价＝31.52 元/10 m^2

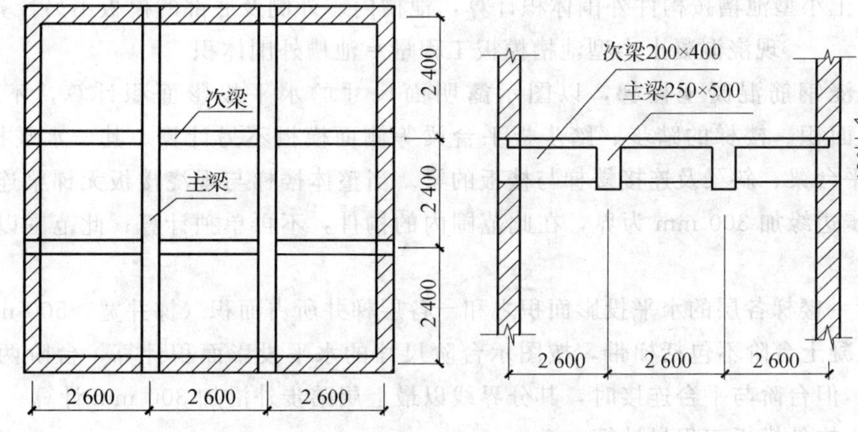

图 3.74　梁板示意图

（9）现浇混凝土密肋板模板，按有梁板模板计算；斜板、折板模板，按平板模板计算；预制板板缝大于 40 mm 时的模板，按平板后浇带模板计算。各种现浇混凝土板的倾斜度大于 15°时，其模板子目的人工乘以系数 1.30，其他不变。

（10）现浇钢筋混凝土墙、板上单孔面积在 0.3 m^2 以内的孔洞，不予扣除，洞侧壁模板亦不增加；单孔面积在 0.3 m^2 以外时，应予扣除，洞侧壁模板面积并入墙、板模板工程量内计算。

（11）现浇钢筋混凝土框架及框架剪力墙分别按梁、板、柱、墙有关规定计算；附墙柱并入墙内工程量计算。

（12）轻体框架柱（壁式柱）子目已综合轻体框架中的梁、墙、柱内容，但不包括电梯井壁、单梁、挑梁。轻体框架工程量按框架外露面积以 m^2 计算。

轻体框架模板工程量＝框架外露面积

（13）现浇钢筋混凝土悬挑板（雨篷、阳台）按图示外挑部分尺寸的水平投影面积计算。挑出墙外的牛腿梁及板边模板不另计算，而未包含在投影范围内的雨篷梁，则应按相应项目单列计算，如图 3.75 所示，计算公式如下：

悬挑板（雨篷、阳台）模板工程量＝雨篷、阳台的水平投影面积＝$L\times B$

式中　L、B——雨篷、阳台的水平投影长度、宽度。

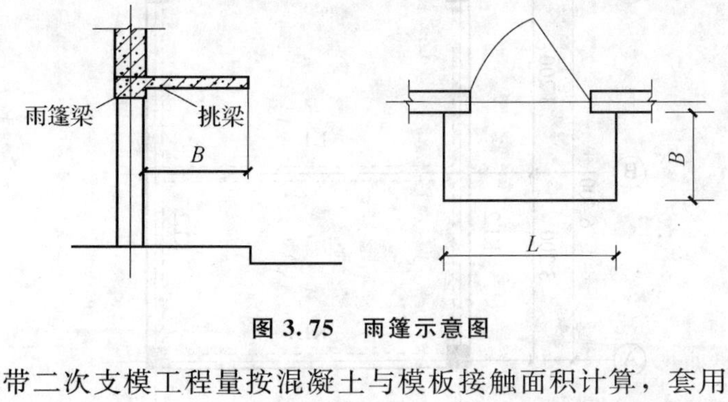

图 3.75　雨篷示意图

（14）混凝土后浇带二次支模工程量按混凝土与模板接触面积计算，套用后浇带项目。

后浇带二次支模工程量＝后浇带混凝土与模板接触面积

（15）现浇钢筋混凝土楼梯，以图示露明面尺寸的水平投影面积计算，不扣除小于 500 mm 楼梯井所占面积。楼梯的踏步、踏步板、平台梁等侧面模板，不另计算。

混凝土楼梯模板工程量＝钢筋混凝土楼梯工程量

(16) 混凝土台阶(不包括梯带),按图示台阶尺寸的水平投影面积计算,台阶端头两侧不另计算模板面积。

混凝土台阶模板工程量=台阶水平投影面积

(17) 现浇混凝土小型池槽按构件外围体积计算,池槽内、外侧及底部的模板不另计算。

现浇混凝土小型池槽模板工程量=池槽外围体积

(18) 楼梯。现浇钢筋混凝土楼梯,以图示露明面尺寸的水平投影面积计算,不扣除小于500 mm楼梯井所占面积。楼梯的踏步、踏步板平台梁等侧面模板不另计算。其"水平投影面积"包括:休息平台、平台梁、斜梁及连接楼梯与楼板的梁。当整体楼梯与现浇楼板无梯梁连接时,以楼梯的最后一个踏步边缘加300 mm为界,在此范围内的构件,不再单独计算;此范围以外的,应另列项目计。

楼梯模板工程量=楼梯各层的水平投影面积之和-各层梯井所占面积(梯井宽>500 mm时)

(19) 台阶。混凝土台阶不包括梯带,按图示台阶尺寸的水平投影面积计算,台阶两端头两侧不另计算模板面积。但台阶与平台连接时,其分界线以最上层踏步外沿加300 mm计算。

现场预制混凝土构件模板工程量计算:

①现场预制混凝土模板工程量,除注明者外均按混凝土实体体积以 m^3 计算。

现场预制混凝土模板工程量=混凝土工程量

②预制桩按桩体积(不扣除桩尖虚体积部分)计算。

预制桩模板工程量=混凝土工程量

③构筑物混凝土模板工程量计算:

a. 构筑物工程的水塔、贮水(油)池、贮仓的模板工程量按混凝土与模板的接触面积以 m^2 计算。

b. 大型池槽等分别按基础、墙、板、梁、柱等有关规定计算并套用相应定额项目。

c. 液压滑升钢模板施工的烟囱、倒锥壳水塔支筒、水箱、筒仓等均按混凝土体积,以 m^3 计算。

d. 倒锥壳水塔的水箱提升按不同容积以座计算。

【例 3.20】 某现浇框架结构房屋的二层结构平面图如图 3.76 所示。已知一层板顶标高为3.9 m,二层板顶标高为7.2 m,板厚为100 mm,构件断面尺寸见表3.55。试对图中所示二层钢筋混凝土构件列项并计算其模板工程量。

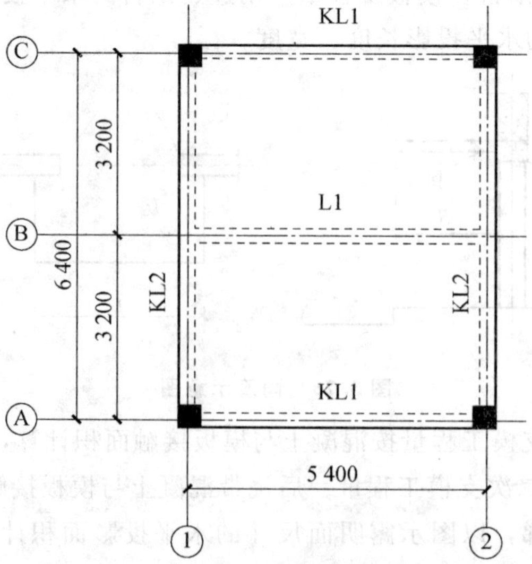

图 3.76 框架梁示意图

表 3.55　构件断面尺寸

构件名称	构件尺寸/mm
KZ	400×400
KL1	250×550（宽×高）
KL2	300×600（宽×高）
L1	250×500（宽×高）

解　由已知条件可知，本例涉及的钢筋混凝土构件有框架柱（KZ）、框架梁（KL）、梁（L）及板，且支模高度＝（7.2－3.9）m＝3.3 m＜3.6 m，故本例应列项目为：矩形柱（KZ）、单梁（KL1、KL2、L1）和平板。

模板工程量＝混凝土与模板的接触面积

（1）矩形柱

矩形柱模板工程量＝柱周长×柱高度－柱与梁交接处的面积－柱与板交接处的面积

＝0.4×4×（7.2－3.9）×4（根）－［0.25×0.45×4（KL1）＋0.3×0.5×4（KL2）］－（0.1×0.4×2×4）

＝21.12－（0.45＋0.6）－0.32＝19.75（m^2）

（2）单梁

单梁模板工程量＝梁支模展开宽度×梁支模长度×根数

KL1 模板工程量＝（0.25＋0.55＋0.55－0.1）×（5.4－0.2×2）×2

＝1.25×5.0×2＝12.50（m^2）

KL2 模板工程量＝(0.3＋0.6＋0.6－0.1）×（6.4－0.2×2）×2－0.25×（0.5－0.1）×2（与 L1 交接处）

＝1.4×6.0×2－0.2＝16.60（m^2）

L1 模板工程量＝0.25＋（0.5－0.1）×2×（5.4－0.1×2）

＝1.05×5.2

＝5.46（m^2）

单梁模板工程量＝KL1、KL2、L1 模板工程量之和

＝12.50＋16.60＋5.46

＝34.56（m^2）

（3）板模板

板模板工程量＝板长度×板宽度－柱所占面积－梁所占面积

＝[（5.4＋0.2×2）×（6.4＋0.2×2）]－（0.4×0.4×4）－［0.25×（5.4－0.2×2）×2（KL1）＋0.3×（6.4－0.2×2）×2（KL2）＋0.25×（5.4－0.1×2）（L1）］

＝39.44－0.64－（2.5＋3.6＋1.3）

＝31.4（m^2）

【例 3.21】　某房屋阳台平面及剖面图如图 3.77 所示。试对图中所示钢筋混凝土构件列项并计算其模板工程量。

解　由已知条件可知，本例涉及的钢筋混凝土构件有阳台底板、阳台栏板、阳台压顶，故本例应列项目为：阳台底板、阳台栏板、阳台压顶。

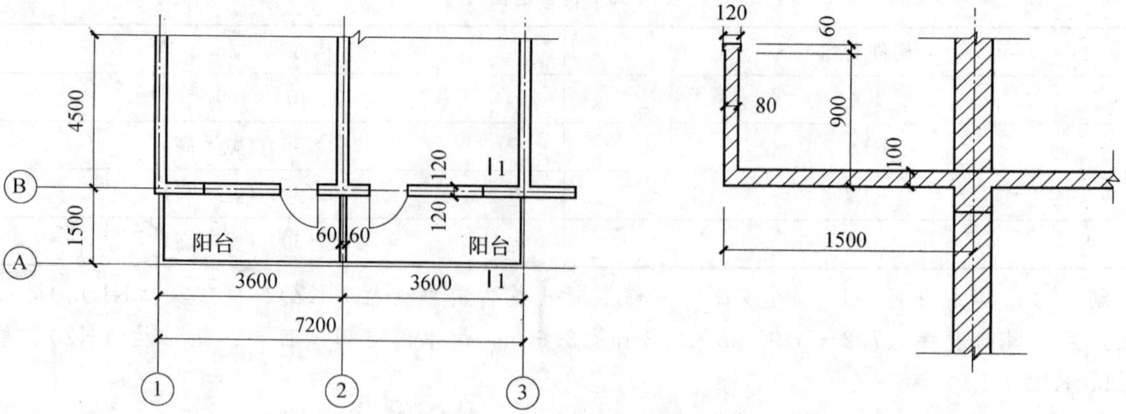

1—1剖面图

图 3.77 阳台示意图

(1) 阳台底板模板

阳台底板模板工程量＝外挑部分的水平投影面积

$=(1.5-0.12)\times(3.6+3.6)=9.94\ (\mathrm{m}^2)$

(2) 阳台栏板模板

阳台栏板模板工程量＝混凝土与模板的接触面积

＝栏板中心线×支模高度×2

$=[3.6+3.6+(1.5-0.12)\times2-0.04\times4]\times(0.9-0.1)\times2$

$=9.80\times0.8\times2$

$=15.68\ (\mathrm{m}^2)$

(3) 阳台压顶模板

阳台压顶模板工程量＝混凝土与模板的接触面积

＝压顶中心线×支模展开宽度

$=[3.6+3.6+(1.5-0.12)\times2-0.04\times4]\times[0.06\times2+(0.12-0.08)]$

$=9.80\times0.16$

$=1.57\ (\mathrm{m}^2)$

3.6 脚手架工程

3.6.1 脚手架工程相关资讯

脚手架是专门为高空施工作业、堆放和运送材料、保证施工过程工人安全而设置的架设工具或操作平台。

脚手架不形成工程实体，属于措施项目。脚手架材料是周转材料，在预算定额中规定的材料消耗量是使用一次应摊销的材料数量。

脚手架搭设使用的材料、搭设形式应按施工组织设计的要求进行计取，要综合考虑砌筑和装饰脚手架的不同搭设期。

脚手架按使用材料分有钢管架、木架、竹架；按搭设形式分有单排脚手架、双排脚手架、满堂脚手架、活动脚手架、挑脚手架、吊篮脚手架等；按使用范围分有结构用脚手架和装饰用脚手架。

图 3.78 脚手架示意图

1. 脚手架的分类

脚手架可根据与施工对象的位置关系、支承特点、结构形式以及使用的材料等划分为多种类型。

(1) 按照与建筑物的位置关系划分

① 外脚手架：外脚手架沿建筑物外围从地面搭起，既可用于外墙砌筑，又可用于外装饰施工。其主要形式有多立杆式、框式、桥式等。多立杆式应用最广，框式次之，桥式应用最少。常见外脚手架如下：

a. 扣件式钢管脚手架（图 3.79）：扣件式钢管脚手架是属于多立杆式外脚手架中的一种。多立杆式外脚手架由立杆、大横杆、小横杆、斜撑、脚手板等组成。其特点是每步架高可根据施工需要灵活布置，取材方便，钢、木、竹等均可应用。

图 3.79 扣件式钢管脚手架实图

b. 多立杆式脚手架（图 3.80）：分为双排式和单排式两种形式。双排式沿外墙侧设两排立杆，小横杆两端支承在内外两排立杆上，多、高层房屋均可采用，当房屋高度超过 50 m 时，需专门设计。单排式沿墙外侧仅设一排立杆，其小横杆与大横杆连接，另一端支承在墙上，仅适用于荷载较小、高度较低（小于等于 25 m）、墙体有一定强度的多层房屋。

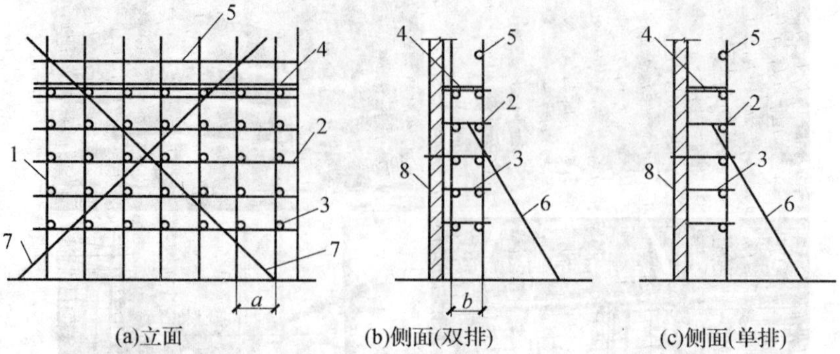

图 3.80　多立杆式脚手架

1—立杆；2—大横杆；3—小横杆；4—脚手板；5—栏杆；6—抛撑；7—斜撑（剪刀撑）；8—墙

② 里脚手架：里脚手架搭设于建筑物内部，每砌完一层墙后，即将其转移到上一层楼面，进行新的一层砌体砌筑，它可用于内外墙的砌筑和室内装饰施工。里脚手架用料少，但装拆频繁，故要求轻便灵活，装拆方便。

2. 脚手板

脚手板一般用厚 2 mm 的钢板压制而成，长度 2～4 m，宽度 250 mm，表面应有防滑措施。也可采用厚度不小于 50 mm 的杉木板或松木板，长度 3～6 m，宽度 200～250 mm；或者采用竹脚手板，有竹笆板和竹片板两种形式。脚手板的材质应符合规定，且脚手板不得有超过允许的变形和缺陷。

图 3.81　脚手板示意图

3. 安全网

为确保脚手架上作业和作业影响区域内的安全，根据安全技术操作规程的规定，分别加设安全平网（安装平面平行于水平面的安全网）、立网（安装平面垂直于水平面的安全网）及垂直全封闭网（沿建筑物四周所设的将建筑物与外界环境隔开的垂直全封闭网）等安全措施。

其工程量计算：平网按挑出的水平投影面积以 m^2 计算；立网按架网部分实挂长度乘以实挂高度以 m^2 计算；垂直全封闭网按封闭面的垂直投影面积以 m^2 计算。

【例 3.22】　某一字形建筑物外边线总长为 92.4 m，檐高为 18.6 m，根据施工组织设计在主体结构施工时，距外墙外围 1.2 m 处且高出主体 3 m 搭设垂直全封闭安全网，计算垂直全封闭安全网工程量。

解　垂直全封闭安全网工程量＝搭设面的垂直投影面积

＝（$L_{外}$＋1.2×8）×（外墙面高度＋3）

＝102×21.6

＝2 203.20（m^2）

4. 其他脚手架

(1) 吊篮脚手架（图 3.82）

吊篮脚手架由悬挑部件、吊架、操作台、升降设备等组成的适用于外墙装修的工具式脚手架。

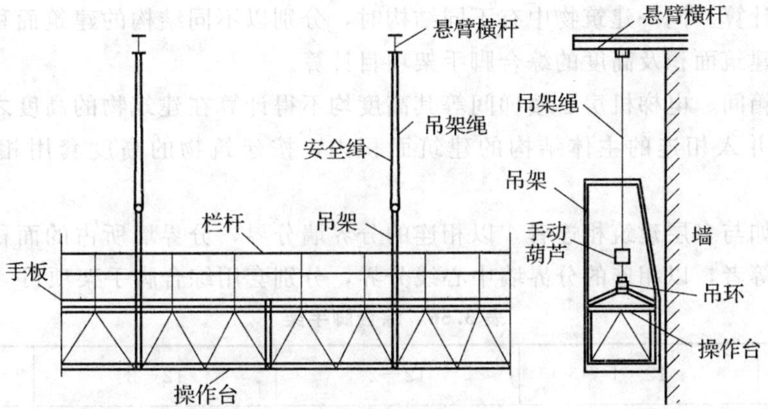

图 3.82　吊篮脚手架示意图

【例 3.23】　某建筑物外墙外边线总长为 92.4 m，檐高为 18.6 m，外墙抹灰需搭设手动吊篮脚手架（悬空脚手架），试计算其工程量。

解　悬空篮脚手架工程量＝外墙面垂直投影面积

＝$L_{外}$×外墙面高度

＝92.4×18.6

＝1 718.64（m^2）

(2) 挑脚手架（图 3.83）

挑脚手架是从窗口挑出横杆或斜杆组成挑出式支架，再设置栏杆，铺设脚手板构成的脚手架。斜杆也可用墙上的预埋铁件支托。横杆和斜杆可由同一个窗口挑出，挑出宽度不大于 1 m；或从窗口挑出横杆，斜杆支撑在下一楼层的窗台或墙上的预埋铁件上，挑出宽度一般不大于 1.2 m。

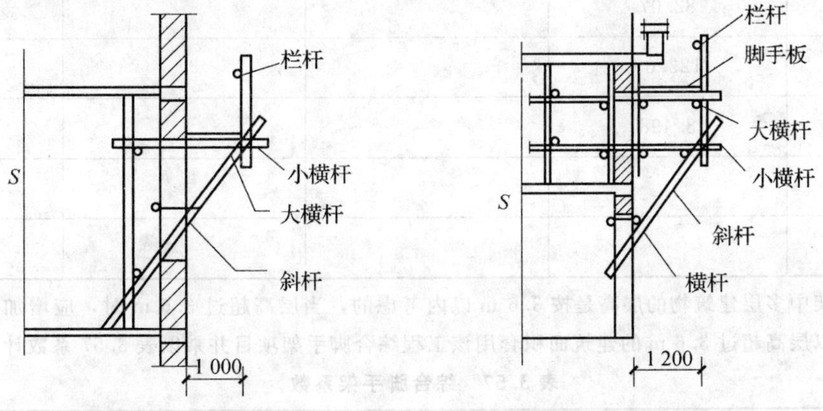

图 3.83　挑脚手架示意图（单位：mm）

3.6.2 工程量计算规则

1. 综合脚手架

(1) 凡能够按《建筑工程建筑面积计算规范》计算建筑面积的建筑工程均按综合脚手架定额计算。综合脚手架的工程量就是建筑面积，单位为 m^2。综合脚手架中已包括了砖基础、内外墙砌筑、现浇混凝土基础、现浇框架混凝土、现浇混凝土电梯井壁、内外装饰、地下室墙防水、预制构件安装及金属构件安装等所需的各种脚手架。

(2) 建筑物的高度以设计室外地坪至檐口滴水的高度为准（无檐口滴水时，建筑物的高度以设计室外地坪至楼板顶面），如有女儿墙，其高度算至女儿墙顶面。多层（跨）建筑物如高度不同时，应分别按不同高度计算。同一建筑物中有不同结构时，分别以不同结构的建筑面积，按相应的结构类型、建筑物的总建筑面积及高度的综合脚手架项目计算。

突出屋面的水箱间、电梯机房、楼梯间等其高度均不得计算在建筑物的高度之内，但其建筑面积应按规定计算，并入相连的主体结构的建筑面积内，按建筑物的高度套用相应的综合脚手架项目。

(3) 单层建筑如与多层建筑相连者，以相连的分界墙分界，分界墙所占的面积并入较高建筑物内，如建筑高度相等者，以相连的分界墙中心线分界，分别套用综合脚手架项目（表 3.56）。

表 3.56　综合脚手架　　单位：100 m^2

项目编号	12－1	12－2	12－3	12－4
项目名称	单层建筑物			
	混合结构			
	高度在 5 m 以内			每增高 1 m 以内
	500 m^2 以内	2 000 m^2 以内	2 000 m^2 以外	
综合基价（元）	722.36	684.78	643.09	309.36
基价（元）	600.33	571.52	536.02	251.52
人工费（元）	195.27			
材料费（元）	322.99			
机械费（元）	82.07			
综合费用（元）	122.03			
人工（工日）	8.498			
材料				
机械				

注：综合脚手架中多层建筑物的层高是按 3.6 m 以内考虑的，当层高超过 3.6 m 时，应增加综合脚手架费用。综合脚手架增加费以层高超过 3.6 m 的建筑面积套用该工程综合脚手架项目并乘以表 3.57 系数计算。

表 3.57　综合脚手架系数

层高	3.6 m＜层高≤5.0 m	5.0 m＜层高≤5.8 m	5.8 m＜层高
系数	0.4	0.6	0.8

2. 单项脚手架

凡不能按《建筑工程建筑面积计算规范》计算建筑面积的建筑工程，施工时又必须搭设脚手架时，按单项脚手架计算其费用。计算了综合脚手架就不再计算单项脚手架。

(1) 外脚手架的工程量按外墙外围长度乘以外墙高度以 m^2 计算。外墙高度系指设计室外地坪至檐口滴水的高度；山墙部分按山墙平均高度计算；带女儿墙的建筑物，其高度算至女儿墙顶。突出墙外宽度在 24 cm 以内的墙垛、附墙烟囱等，其脚手架已包括在墙体脚手架内，不再另计，宽度超过 24 cm 时按图示尺寸展开计算，并入外墙脚手架工程量内。

外墙脚手架工程量计算：

$$S_w = L_w \times H + S_b$$

式中 S_w——外脚手架工程量（m^2）；

L_w——建筑物外墙外边线总长度（m）；

H——外墙砌筑高度，指设计室外地坪至檐口底或至山墙高度的 1/2 处的高度，有女儿墙的，其高度算至女儿墙顶面；

S_b——应并入的面积（如：屋顶的水箱间、电梯间、楼梯间等）。

（2）外脚手架凡设计室外地坪至檐口滴水（或女儿墙顶面）的高度在 15 m 以内时，按单排外脚手架计算；符合下列条件者按双排外脚手架计算：

①框架结构外墙。

②外墙门窗洞口面积超过整个建筑物外墙面积 40％以上者。

③毛石外墙、空心砖外墙、填充外墙。

④外墙裙以上的外墙面抹灰面积占整个建筑物外墙面积（包括门窗洞口面积在内）25％以上者。

（3）计算砌筑脚手架时，不扣除门、窗洞口及穿过建筑物的通道的空洞面积。

（4）砌筑高度超过 1.2 m 的砖基础脚手架，按砖基础的长度乘以砖基础的砌筑高度以 m^2 计算；内墙、地下室内外墙砌筑脚手架，按外墙中心线、内墙净长线乘以高度以 m^2 计算，高度从室内地坪或楼板面算至板下或梁下（不包括圈梁）。高度在3.6 m以内时，按 3.6 m 以内里脚手架计算，高度超过 3.6 m 时，按相应高度的单排外脚手架项目乘以系数 0.6 计算。

（5）现浇混凝土柱（外墙柱除外）脚手架，按柱的周长加 3.6 m 乘以高度（由室内地坪或楼板面算起）以 m^2 计算；独立砖、石柱脚手架，按柱的周长加 3.6 m 乘以柱高以 m^2 计算。高度在 3.6 m以内时，按 3.6 m 以内里脚手架计算，高度超过 3.6 m 时，按相应高度的单排外脚手架项目乘以系数 0.6 计算。

独立柱脚手架工程量计算式：

$$S_z = (L_z + 3.6) \times H$$

式中 S_z——独立柱脚手架工程量（m^2）；

L_z——独立柱结构外围周长（m）；

H——独立柱砌筑高度（m）。

3．装饰工程脚手架

室内地坪或楼面至装饰天棚高度在 3.6 m 以内的抹灰天棚、钉板天棚、吊顶天棚的脚手架按天棚简易脚手架计算，室内地坪或楼面至装饰天棚高度超过 3.6 m 的抹灰天棚、钉板天棚、吊顶天棚的脚手架按满堂脚手架计算，屋面板底勾缝、喷浆、屋架刷油的脚手架按活动脚手架计算。工程量按室内净面积以 m^2 计算。

4．满堂脚手架

高度以室内地坪或楼面至天棚底面为准，无吊顶天棚的算至楼板底，有吊顶天棚的算至天棚的面层，斜天棚按平均高度计算。计算满堂脚手架后，室内墙柱面装饰工程不再计算脚手架。满堂脚手架的基本层高在 3.6～5.2 m 之间者，计算满堂脚手架基本层，超过 5.2 m 时，每超过 1.2 m 计算一个满堂脚手架增加层。计算增加层脚手架时，超高部分在 0.6 m 以内者舍去不计，超过 0.6 m 者，计算一个增加层。

满堂脚手架工程量＝室内净长度×室内净宽度

计算室内净面积时，不扣除柱、垛所占面积。已计算满堂脚手架后，室内墙壁面装饰不再计算墙面装饰脚手架。

满堂脚手架增加层＝（室内净高度－5.2）/1.2［计算结果 0.6 m 以内舍去］

【例 3.24】 某建筑物天棚高为 9.2 m，其满堂脚手架的增加层为多少？

解 其满堂脚手架的增加层数为

$$(9.2-5.2)/1.2=3，余\ 0.4\ m$$

即应计算一个满堂脚手架的基本层及 3 个增加层，余 0.4 m 舍去不计。

【例 3.25】 如图 3.84 所示是某砖混结构变电所平面图。假如①～②轴屋面板顶标高 4.80 m，女儿墙顶面标高为 5.4 m；②～⑤轴屋面板顶标高 3.90 m，女儿墙顶面标高为 4.5 m。设计室外地坪－0.30 m，屋面板厚度 0.1 m。请计算：(1) 外墙砌筑脚手架工程量；(2) 内墙砌筑里脚手架工程量；(3) 满堂脚手架工程量。

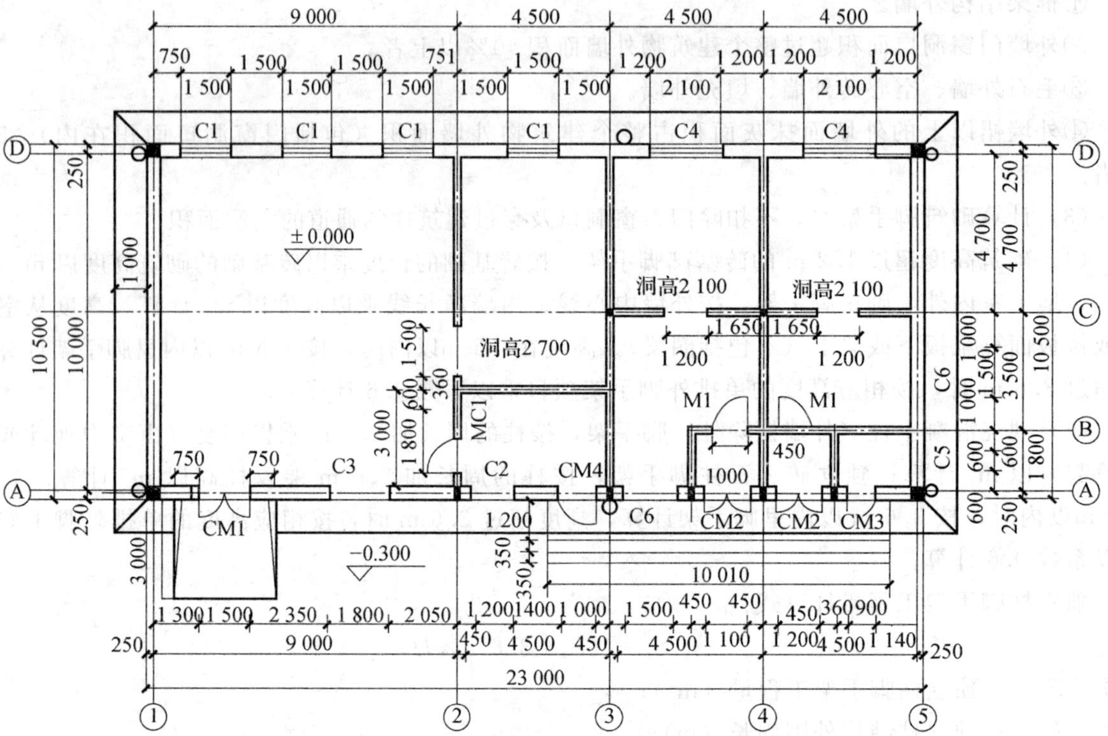

图 3.84 某砖混结构变电所平面图

解 (1) 外墙砌筑脚手架计算时因外墙高度不同，长度要分别计算，②轴的墙体标高 3.90 m 以上应算作外墙。只有层高超过了 3.6m 时才计算满堂脚手架。

$$S_w=L_w\times H$$

①～②轴，除②以外：$H=5.4+0.3=5.7\ (m)$

$$L_w=10.5+(9+0.25+0.12)\times 2=29.24\ (m)$$

$$S_w=L_w\times H=5.7\times 29.24=166.67\ (m^2)$$

②轴：

$$H=5.4-3.9=1.5\ (m)$$

$$L_w=10.5\ (m)$$

$$S_w=L_w\times H=10.5\times 1.5=15.75\ (m^2)$$

①～②轴外墙脚手架小计 182.42 (m^2)。

②～⑤轴：

$$H=4.5+0.3=4.8\ (m)$$

$$L_w=(4.5\times 3-0.12+0.25)\times 2+10.5=37.76\ (m)$$

$$S_w=L_w\times H=4.8\times 37.76=181.25\ (m^2)$$

②～⑤轴外墙脚手架小计 181.25 m²。

外墙砌筑脚手架工程量合计 363.67 m²。

(2) 内墙砌筑里脚手架工程量

②轴：

$$H=4.8-0.1=4.7\ (\text{m})$$

$$L_w=10-0.24=9.76\ (\text{m})$$

$$S_w=L_w\times H=4.7\times 9.76=45.87\ (\text{m}^2)$$

其他轴：

$$H=3.9-0.1=3.8\ (\text{m})$$

$$L_w=(10-0.24)\times 2+1.8+(1.8-0.24)+(4.5-0.24)\times 4+(1.2+0.45\times 2)=42.02\ (\text{m})$$

$$S_w=L_w\times H=3.8\times 42.02=159.68\ (\text{m}^2)$$

内墙砌筑里脚手架工程量合计：245.55 m²。

(3) 满堂脚手架工程量

层高虽超过 3.6 m，但都没超过 5.2 m，只计算一个基本层。

公式为

$$S_m=L_j\times B_j$$

$$S_m=(9-0.24)\times(10-0.24)+(4.5-0.24)\times(10-3-0.24)+(3-0.24)\times(4.5-0.24)+(4.7-0.24)\times(4.5-0.24)\times 2+(4.5-0.24)\times(3.5+1.8-0.24)\times 2-(1.2+0.45\times 2+1.8+4.5-0.24+1.8-0.24)\times 0.24$$

$$=85.5+28.8+11.76+19+38+43.11-2.33$$

$$=223.842\ (\text{m}^2)$$

满堂脚手架工程量：223.84 m²。

3.7 厂库房大门、特种门、木结构工程

1. 厂库房大门、特种门（编码：010501）

厂库房大门、特种门、木结构工程清单项目设置及工程量计算规则见表 3.58。

表 3.58 厂库房大门、特种门、木结构工程清单项目设置及工程量计算规则

项目编码	项目名称	项目特征	计量单位	工程量计算规则	工程内容
010501001	木板大门	1. 开启方式 2. 有框、无框 3. 含门扇数 4. 材料品种、规格 5. 五金种类、规格 6. 防护材料种类 7. 油漆品种、刷漆遍数	樘/m²	按设计图示数量或设计图示洞口尺寸以面积计算	1. 门（骨架）制作、运输 2. 门、五金配件安装 3. 刷防护材料、油漆
010501002	钢木大门				
010501003	全钢板大门				
010501004	特种门				
010501005	围墙铁丝门				

2. 木屋架（编码：010502）

木屋架工程清单项目设置及工程量计算规则见表 3.59。

表 3.59 木屋架工程清单项目设置及工程量计算规则

项目编码	项目名称	项目特征	计量单位	工程量计算规则	工程内容
010502001	木屋架	1. 跨度 2. 安装高度 3. 材料品种、规格 4. 刨光要求 5. 防护材料种类 6. 油漆品种、刷漆遍数	榀	按设计图示数量计算	1. 制作、运输 2. 安装 3. 刷防护材料、油漆
010502002	钢木屋架				

3. 木构件（编码：010503）

木构件木屋架工程清单项目设置及工程量计算规则见表 3.60。

表 3.60 木构件木屋架工程清单项目设置及工程量计算规则

010503001	木柱	1. 构件高度、长度 2. 构件截面 3. 木材种类 4. 刨光要求 5. 防护材料种类 6. 油漆品种、刷漆遍数	m^3	按设计图示尺寸以体积计算	1. 制作 2. 运输 3. 安装 4. 刷防护材料、油漆
010503002	木梁				
010503003	木楼梯	1. 木材种类 2. 刨光要求 3. 防护材料种类 4. 油漆品种、刷漆遍数	m^2	按设计图示尺寸以水平投影面积计算。不扣除宽度小于 300 mm 的楼梯井，伸入墙内部分不计算	
010503004	其他木构件	1. 构件名称 2. 构件截面 3. 木材种类 4. 刨光要求 5. 防护材料种类 6. 油漆品种、刷漆遍数	m^3（m）	按设计图示尺寸以体积或长度计算	

4. 其他相关问题应按下列规定处理

（1）冷藏门、冷冻间门、保温门、变电室门、隔音门、防射线门、人防门、金库门等，应按特种门项目编码列项。

（2）屋架的跨度应以上、下弦中心线两交点之间的距离计算。

（3）带气楼的屋架和马尾、折角以及正交部分的半屋架，应按相关屋架项目编码列项。

（4）木楼梯的栏杆（栏板）、扶手，应按相关项目编码列项。

3.8 金属结构工程

1. 钢屋架、钢网架（编码：010601）

钢屋架、钢网架工程清单项目设置及工程量计算规则见表 3.61。

表 3.61 钢屋架、钢网架工程清单项目设置及工程量计算规则

项目编码	项目名称	项目特征	计量单位	工程量计算规则	工程内容
010601001	钢屋架	1. 钢材品种、规格 2. 单榀屋架的重量 3. 屋架跨度、安装高度 4. 探伤要求 5. 油漆品种、刷漆遍数	t （榀）	按设计图示尺寸以质量计算。不扣除孔眼、切边、切肢的质量，焊条、铆钉、螺栓等不另增加质量，不规则或多边形钢板以其外接矩形面积乘以厚度乘以单位理论质量计算	1. 制作 2. 运输 3. 拼装 4. 安装 5. 探伤 6. 刷油漆
010601002	钢网架	1. 钢材品种、规格 2. 网架节点形式、连接方式 3. 网架跨度、安装高度 4. 探伤要求 5. 油漆品种、刷漆遍数			

2. 钢托架、钢桁架（编码：010602）

钢托架、钢桁架工程清单项目设置及工程量计算规则见表 3.62。

表 3.62 钢托架、钢桁架工程清单项目设置及工程量计算规则

项目编码	项目名称	项目特征	计量单位	工程量计算规则	工程内容
010602001	钢托架	1. 钢材品种、规格 2. 单榀重量 3. 安装高度 4. 探伤要求 5. 油漆品种、刷漆遍数	t	按设计图示尺寸以质量计算。不扣除孔眼、切边、切肢的质量，焊条、铆钉、螺栓等不另增加质量，不规则或多边形钢板，以其外接矩形面积乘以厚度乘以单位理论质量计算	1. 制作 2. 运输 3. 拼装 4. 安装 5. 探伤 6. 刷油漆
010602002	钢桁架				

3. 钢柱（编码：010603）

钢柱工程清单项目设置及工程量计算规则见表 3.63。

表 3.63 钢柱工程清单项目设置及工程量计算规则

项目编码	项目名称	项目特征	计量单位	工程量计算规则	工程内容
010603001	实腹柱	1. 钢材品种、规格 2. 单根柱重量 3. 探伤要求 4. 油漆品种、刷漆遍数	t	按设计图示尺寸以质量计算。不扣除孔眼、切边、切肢的质量，焊条、铆钉、螺栓等不另增加质量，不规则或多边形钢板，以其外接矩形面积乘以厚度乘以单位理论质量计算，依附在钢柱上的牛腿及悬臂梁等并入钢柱工程量内	1. 制作 2. 运输 3. 拼装 4. 安装 5. 探伤 6. 刷油漆
010603002	空腹柱				
010603003	钢管柱	1. 钢材品种、规格 2. 单根柱重量 3. 探伤要求 4. 油漆种类、刷漆遍数		按设计图示尺寸以质量计算。不扣除孔眼、切边、切肢的质量，焊条、铆钉、螺栓等不另增加质量，不规则或多边形钢板，以其外接矩形面积乘以厚度乘以单位理论质量计算，钢管柱上的节点板、加强环、内衬管、牛腿等并入钢管柱工程量内	1. 制作 2. 运输 3. 安装 4. 探伤 5. 刷油漆

4. 钢梁（编码：010604）

钢梁工程清单项目设置及工程量计算规则见表 3.64。

表 3.64　钢梁工程清单项目设置及工程量计算规则

项目编码	项目名称	项目特征	计量单位	工程量计算规则	工程内容
010604001	钢梁	1. 钢材品种、规格 2. 单根重量 3. 安装高度 4. 探伤要求 5. 油漆品种、刷漆遍数	t	按设计图示尺寸以质量计算。不扣除孔眼、切边、切肢的质量，焊条、铆钉、螺栓等不另增加质量，不规则或多边形钢板，以其外接矩形面积乘以厚度乘以单位理论质量计算，制动梁、制动板、制动桁架、车挡并入钢吊车梁工程量内	1. 制作 2. 运输 3. 安装 4. 探伤要求 5. 刷油漆
010604002	钢吊车梁				

5. 压型钢板楼板、墙板（编码：010605）

压型钢板楼板、墙板工程清单项目设置及工程量计算规则见表 3.65。

表 3.65　压型钢板楼板、墙板工程清单项目设置及工程量计算规则

项目编码	项目名称	项目特征	计量单位	工程量计算规则	工程内容
010605001	压型钢板楼板	1. 钢材品种、规格 2. 压型钢板厚度 3. 油漆品种、刷漆遍数	m^2	按设计图示尺寸以铺设水平投影面积计算。不扣除柱、垛及单个0.3 m^2以内的孔洞所占面积	1. 制作 2. 运输 3. 安装 4. 刷油漆
010605002	压型钢板墙板	1. 钢材品种、规格 2. 压型钢板厚度、复合板厚度 3. 复合板夹芯材料种类、层数、型号、规格		按设计图示尺寸以铺挂面积计算。不扣除单个0.3 m^2以内的孔洞所占面积，包角、包边、窗台泛水等不另增加面积	

6. 钢构件（编码：010606）

钢构件工程清单项目设置及工程量计算规则见表 3.66。

表 3.66　钢构件工程清单项目设置及工程量计算规则

项目编码	项目名称	项目特征	计量单位	工程量计算规则	工程内容
010606001	钢支撑	1. 钢材品种、规格 2. 单式、复式 3. 支撑高度 4. 探伤要求 5. 油漆品种、刷漆遍数	t	按设计图示尺寸以质量计算。不扣除孔眼、切边、切肢的质量，焊条、铆钉、螺栓等不另增加质量，不规则或多边形钢板以其外接矩形面积乘以厚度乘以单位理论质量计算	1. 制作 2. 运输 3. 安装 4. 探伤 5. 刷油漆
010606002	钢檩条	1. 钢材品种、规格 2. 型钢式、格构式 3. 单根重量 4. 安装高度 5. 油漆品种、刷漆遍数			
010606003	钢天窗架	1. 钢材品种、规格 2. 单榀重量 3. 安装高度 4. 探伤要求 5. 油漆品种、刷漆遍数			

续表 3.66

项目编码	项目名称	项目特征	计量单位	工程量计算规则	工程内容
010606004	钢挡风架	1. 钢材品种、规格 2. 单件重量 3. 探伤要求 4. 油漆品种、刷漆遍数	t	按设计图示尺寸以质量计算。不扣除孔眼、切边、切肢的质量，焊条、铆钉、螺栓等不另增加质量，不规则或多边形钢板以其外接矩形面积乘以厚度乘以单位理论质量计算	1. 制作 2. 运输 3. 安装 4. 探伤 5. 刷油漆
010606005	钢墙架				
010606006	钢平台	1. 钢材品种、规格 2. 油漆品种、刷漆遍数			
010606007	钢走道				
010606008	钢梯	1. 钢材品种、规格 2. 钢梯形式 3. 油漆品种、刷漆遍数			
010606009	钢栏杆	1. 钢材品种、规格 2. 油漆品种、刷漆遍数			
010606010	钢漏斗	1. 钢材品种、规格 2. 方形、圆形 3. 安装高度 4. 探伤要求 5. 油漆品种、刷漆遍数		按设计图示尺寸以重量计算。不扣除孔眼、切边、切肢的质量，焊条、铆钉、螺栓等不另增加质量，不规则或多边形钢板以其外接矩形面积乘以厚度乘以单位理论质量计算，依附漏斗的型钢并入漏斗工程量内	
010606011	钢支架	1. 钢材品种、规格 2. 单件重量 3. 油漆品种、刷漆遍数			
010606012	零星钢构件	1. 钢材品种、规格 2. 构件名称 3. 油漆品种、刷漆遍数		按设计图示尺寸以质量计算。不扣除孔眼、切边、切肢的质量，焊条、铆钉、螺栓等不另增加质量，不规则或多边形钢板以其外接矩形面积乘以厚度乘以单位理论质量计算	

7. 金属网（编码：010607）

金属网工程清单项目设置及工程量计算规则见表 3.67。

表 3.67 金属网工程清单项目设置及工程量计算规则

项目编码	项目名称	项目特征	计量单位	工程量计算规则	工程内容
010607001	金属网	1. 材料品种、规格 2. 边框及立柱型钢品种、规格 3. 油漆品种、刷漆遍数	m^2	按设计图示尺寸以面积计算	1. 制作 2. 运输 3. 安装 4. 刷油漆

8. 其他相关问题应按下列规定处理

(1) 型钢混凝土柱、梁浇筑混凝土和压型钢板楼板上浇筑钢筋混凝土，混凝土和钢筋应按有关项目编码列项。

(2) 钢墙架项目包括墙架柱、墙架梁和连接杆件。

(3) 加工铁件等小型构件，应按零星钢构件项目编码列项。

3.9 屋面及防水工程

1. 瓦、型材屋面（编码：010701）

瓦、型材屋面工程清单项目设置及工程量计算规则见表 3.68。

表 3.68 瓦、型材屋面工程清单项目设置及工程量计算规则

项目编码	项目名称	项目特征	计量单位	工程量计算规则	工程内容
010701001	瓦屋面	1. 瓦品种、规格、品牌、颜色 2. 防水材料种类 3. 基层材料种类 4. 楔条种类、截面 5. 防护材料种类		按设计图示尺寸以斜面积计算。不扣除房上烟囱、风帽底座、风道、小气窗、斜沟等所占面积，小气窗的出檐部分不增加面积	1. 檩条、椽子安装 2. 基层铺设 3. 铺防水层 4. 安顺水条和挂瓦条 5. 安瓦 6. 刷防护材料
010701002	型材屋面	1. 型材品种、规格、品牌、颜色 2. 骨架材料品种、规格 3. 接缝、嵌缝材料种类	m^2		1. 骨架制作、运输、安装 2. 屋面型材安装 3. 接缝、嵌缝
010701003	膜结构屋面	1. 膜布品种、规格、颜色 2. 支柱（网架）钢材品种、规格 3. 钢丝绳品种、规格 4. 油漆品种、刷漆遍数		按设计图示尺寸以需要覆盖的水平面积计算	1. 膜布热压胶接 2. 支柱（网架）制作、安装 3. 膜布安装 4. 穿钢丝绳、锚头锚固 5. 刷油漆

2. 屋面防水（编码：010702）

屋面防水工程清单项目设置及工程量计算规则见表 3.69。

表 3.69 屋面防水工程清单项目设置及工程量计算规则

项目编码	项目名称	项目特征	计量单位	工程量计算规则	工程内容
010702001	屋面卷材防水	1. 卷材品种、规格 2. 防水层做法 3. 嵌缝材料种类 4. 防护材料种类	m^2	按设计图示尺寸以面积计算。 1. 斜屋顶（不包括平屋顶找坡）按斜面积计算，平屋顶按水平投影面积计算 2. 不扣除房上烟囱、风帽底座、风道、屋面小气窗和斜沟所占面积 3. 屋面的女儿墙、伸缩缝和天窗等处的弯起部分，并入屋面工程量内	1. 基层处理 2. 抹找平层 3. 刷底油 4. 铺油毡卷材、接缝、嵌缝 5. 铺保护层
010702002	屋面涂膜防水	1. 防水膜品种 2. 涂膜厚度、遍数、增强材料种类 3. 嵌缝材料种类 4. 防护材料种类			1. 基层处理 2. 抹找平层 3. 涂防水膜 4. 铺保护层
010702003	屋面刚性防水	1. 防水层厚度 2. 嵌缝材料种类 3. 混凝土强度等级		按设计图示尺寸以面积计算。不扣除房上烟囱、风帽底座、风道等所占面积	1. 基层处理 2. 混凝土制作、运输、铺筑、养护
010702004	屋面排水管	1. 排水管品种、规格、品牌、颜色 2. 接缝、嵌缝材料种类 3. 油漆品种、刷漆遍数	m	按设计图示尺寸以长度计算。如设计未标注尺寸，以檐口至设计室外散水上表面垂直距离计算	1. 排水管及配件安装、固定 2. 雨水斗、雨水箅子安装 3. 接缝、嵌缝
010702005	屋面天沟、沿沟	1. 材料品种 2. 砂浆配合比 3. 宽度、坡度 4. 接缝、嵌缝材料种类 5. 防护材料种类	m^2	按设计图示尺寸以面积计算。铁皮和卷材天沟按展开面积计算	1. 砂浆制作、运输 2. 砂浆找坡、养护 3. 天沟材料铺设 4. 天沟配件安装 5. 接缝、嵌缝 6. 刷防护材料

3. 墙、地面防水、防潮（编码：010703）

墙、地面防水、防潮工程清单项目设置及工程量计算规则见表 3.70。

表 3.70　墙、地面防水、防潮工程清单项目设置及工程量计算规则

项目编码	项目名称	项目特征	计量单位	工程量计算规则	工程内容
010703001	卷材防水	1. 卷材、涂膜品种 2. 涂膜厚度、遍数、增强材料种类 3. 防水部位 4. 防水做法 5. 接缝、嵌缝材料种类 6. 防护材料种类	m^2	按设计图示尺寸以面积计算。 1. 地面防水：按主墙间净空面积计算，扣除凸出地面的构筑物、设备基础等所占面积，不扣除间壁墙及单个 0.3 m^2 以内的柱、垛、烟囱和孔洞所占面积 2. 墙基防水：外墙按中心线，内墙按净长乘以宽度计算	1. 基层处理 2. 抹找平层 3. 刷粘结剂 4. 铺防水卷材 5. 铺保护层 6. 接缝、嵌缝
010703002	涂膜防水				1. 基层处理 2. 抹找平层 3. 刷基层处理剂 4. 铺涂膜防水层 5. 铺保护层
010703003	砂浆防水（潮）	1. 防水（潮）部位 2. 防水（潮）厚度、层数 3. 砂浆配合比 4. 外加剂材料种类			1. 基层处理 2. 挂钢丝网片 3. 设置分格缝 4. 砂浆制作、运输、摊铺、养护
010703004	变形缝	1. 变形缝部位 2. 嵌缝材料种类 3. 止水带材料种类 4. 盖板材料 5. 防护材料种类	m	按设计图示以长度计算	1. 清缝 2. 填塞防水材料 3. 止水带安装 4. 盖板制作 5. 刷防护材料

4. 其他相关问题应按下列规定处理

(1) 小青瓦、水泥平瓦、琉璃瓦等，应按瓦屋面项目编码列项。

(2) 压型钢板、阳光板、玻璃钢等，应按型材屋面编码列项。

【例 3.26】 某房屋形状为矩形，地下室墙身外侧做防水层，如图 3.85 所示。已知外墙外边线长50 m，其工程做法为：

① 20 厚 1∶2.5 水泥砂浆找平层；

② 冷粘结剂一道；

③ 改性沥青卷材防水层；

④ 20 厚 1∶2.5 水泥砂浆保护层；

⑤ 砌砖保护墙（厚度 115 mm）。

试编制墙身防水工程工程量清单。

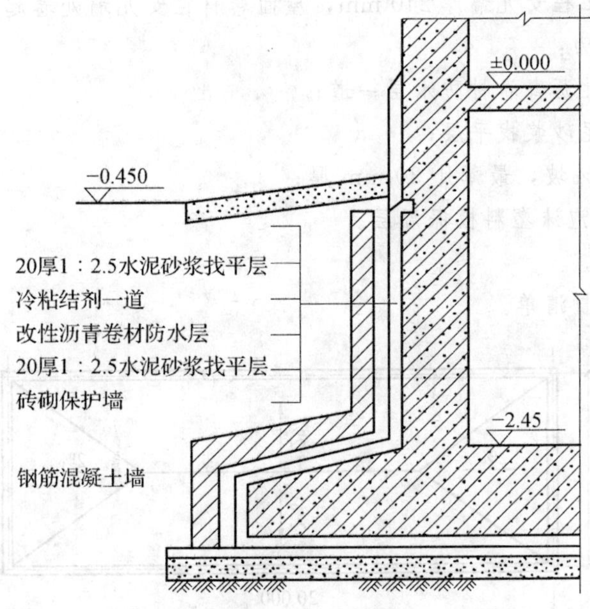

图 3.85 构造示意图

解 根据墙身防水的工程内容及本例工程做法可知，墙身防水工程应列清单项目见表 3.71。

表 3.71 应列清单项目

序号	项目编码	项目名称
1	010702001001	卷材防水 外墙面，4 mm 厚高聚物改性沥青卷材防水层，20 mm 厚 1：2.5 水泥砂浆找平层（双面），冷粘结剂一道
2	010302001001	实心砖墙 M5.0 水泥砂浆砌 115 mm 厚粘土砖保护墙

工程量计算：

(1) 墙身防水层工程量

墙身防水层工程量＝防水层长×防水层高＝50×（2.45－0.45）＝100（m^2）

(2) 实心砖墙工程量

实心砖墙工程量＝墙长×墙高×墙厚

$$=(50+\frac{0.115}{2}\times 8)\times 2.0\times 0.115=50.29\times 2.0\times 0.115$$

$$=11.57\ (m^3)$$

(3) 墙基防水工程工程量清单见表 3.72。

表 3.72 墙基防水工程工程量清单

序号	项目编码	项目名称	计量单位	工程数量
1	010703001001	卷材防水 高聚物改性沥青卷材防水层，20 mm 厚 1：2.5水泥砂浆找平层（双面），冷粘结剂一道	m^2	100
2	010302001001	实心砖墙 M5.0 水泥砂浆砌 120 mm 厚粘土砖保护墙	m^2	11.57

【例 3.27】 已知某工程女儿墙厚 240 mm，屋面卷材在女儿墙处卷起 250 mm，图 3.86 所示为其屋顶平面图，屋面做法为：

①4 mm 厚高聚物改性沥青卷材防水层一道；

②20 mm 厚 1∶3 水泥砂浆找平层；

③1∶6 水泥焦渣找 2%坡，最薄处 30 mm 厚；

④60 mm 厚聚苯乙烯泡沫塑料板保温层。

⑤现浇钢筋混凝土板。

试编制屋面工程工程量清单。

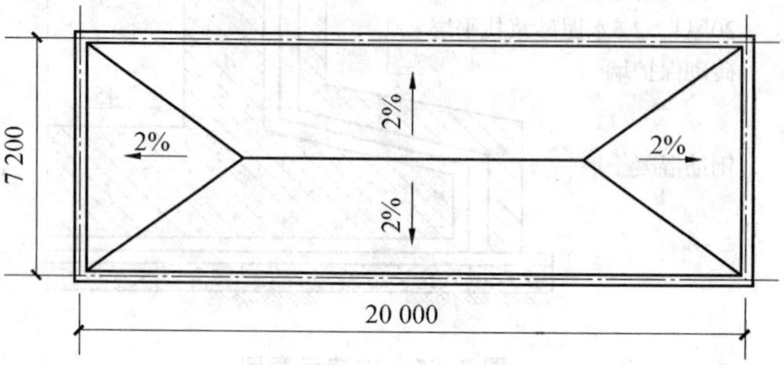

图 3.86　屋面平面图

解　从屋面工程做法中可知，本工程屋面设计有防水层、找平层、找坡层及保温层。根据"屋面卷材防水"项目中所包含工程内容，应列项目见表 3.73。

表 3.73　应列清单项目

序号	项目编码	项目名称
1	010702001001	屋面卷材防水 4 mm 厚高聚物改性沥青卷材防水层一道，20 mm 厚 1∶3 水泥砂浆找平层，1∶6 水泥焦渣找 2%坡，最薄处 30 mm 厚
2	010803001001	保温屋面 60 mm 厚聚苯乙烯泡沫塑料板（密度 30 kg/m³）保温层

计算工程量：

根据列项情况，本例只需计算屋面卷材防水工程量和屋面保温层工程量。

（1）屋面卷材防水工程量

屋面面积＝屋面净长×屋面净宽

$$=(20-0.12\times2)\times(7.2-0.12\times2)=137.53\ (\text{m}^2)$$

女儿墙弯起部分面积＝女儿墙内周长×卷材弯起高度

$$=(20-0.12\times2+7.2-0.12\times2)\times2\times0.25$$

$$=53.44\times0.25=13.36\ (\text{m}^2)$$

屋面卷材防水层工程量＝屋面面积＋在女儿墙处弯起部分面积

$$=137.53+13.36$$

$$=150.89\ (\text{m}^2)$$

（2）屋面保温层工程量

保温层工程量的计算方法见本模块 3.10。

（3）屋面工程工程量清单

屋面工程工程量清单见表 3.74。

表 3.74 屋面工程工程量清单

序号	项目编码	项目名称	计量单位	工程数量
1	010702001001	屋面卷材防水 4 mm 厚高聚物改性沥青卷材防水层一道，20 mm厚 1∶3 水泥砂浆找平层，1∶6 水泥焦渣找 2%坡，最薄处 30 mm 厚	m^2	150.89
2	010803001001	屋面保温 60 mm 厚（密度：$30kg/m^3$）聚苯乙烯泡沫塑料板	m^2	略

3.10 防腐、隔热、保温工程

1. 防腐面层（编码：010801）

防腐面层工程清单项目设置及工程量计算规则见表 3.75。

表 3.75 防腐面层工程清单项目设置及工程量计算规则

项目编码	项目名称	项目特征	计量单位	工程量计算规则	工程内容
010801001	防腐混凝土面层	1. 防腐部位 2. 面层厚度 3. 砂浆、混凝土、胶泥种类	m^2	按设计图示尺寸以面积计算。 1. 平面防腐：扣除凸出地面的构筑物、设备基础等所占面积 2. 立面防腐：砖垛等突出部分按展开面积并入墙面积内	1. 基层清理 2. 基层刷稀胶泥 3. 砂浆制作、运输、摊铺、养护 4. 混凝土制作、运输、摊铺、养护
010801002	防腐砂浆面层				
010801003	防腐胶泥面层				1. 基层清理 2. 胶泥调制、摊铺
010801004	玻璃钢防腐面层	1. 防腐部位 2. 玻璃钢种类 3. 贴布层数 4. 面层材料品种			1. 基层清理 2. 刷底漆、刮腻子 3. 胶浆配制、涂刷 4. 粘布、涂刷面层
010801005	聚氯乙烯板面层	1. 防腐部位 2. 面层材料品种 3. 粘结材料种类		按设计图示尺寸以面积计算。 1. 平面防腐：扣除凸出地面的构筑、物、设备基础等所占面积 2. 立面防腐：砖垛等突出部分按展、开面积并入墙面积内 3. 踢脚板防腐：扣除门洞所占面积并相应增加门洞侧壁面积	1. 基层清理 2. 配料、涂胶 3. 聚氯乙烯板铺设 4. 铺贴踢脚板
010801006	块料防腐面层	1. 防腐部位 2. 块料品种、规格 3. 粘结材料种类 4. 勾缝材料种类			1. 基层清理 2. 砌块料 3. 胶泥调制、勾缝

2. 其他防腐（编码：010802）

其他防腐工程清单项目设置及工程量计算规则见表 3.76。

表 3.76　其他防腐工程清单项目设置及工程量计算规则

项目编码	项目名称	项目特征	计量单位	工程量计算规则	工程内容
010802001	隔离层	1. 隔离层部位 2. 隔离层材料品种 3. 隔离层做法 4. 粘贴材料种类	m^2	按设计图示尺寸以面积计算。 1. 平面防腐：扣除凸出地面的构筑物、设备基础等所占面积 2. 立面防腐：砖垛等突出部分按展开面积并入墙面积内	1. 基层清理、刷油 2. 煮沥青 3. 胶泥调制 4. 隔离层铺设
010802002	砌筑沥青浸渍砖	1. 砌筑部位 2. 浸渍砖规格 3. 浸渍砖砌法（平砌、立砌）	m^3	按设计图示尺寸以体积计算	1. 基层清理 2. 胶泥调制 3. 浸渍砖铺砌
010802003	防腐涂料	1. 涂刷部位 2. 基层材料类型 3. 涂料品种、刷涂遍数	m^2	按设计图示尺寸以面积计算。 1. 平面防腐：扣除凸出地面的构筑物、设备基础等所占面积 2. 立面防腐：砖垛等突出部分按展开面积并入墙面积内	1. 基层清理 2. 刷涂料

3. 隔热、保温（编码：010803）

隔热、保温工程清单项目设置及工程量计算规则见表 3.77。

表 3.77　隔热、保温工程清单项目设置及工程量计算规则

项目编码	项目名称	项目特征	计量单位	工程量计算规则	工程内容
010803001	保温隔热屋面	1. 保温隔热部位 2. 保温隔热方式（内保温、外保温、夹心保温） 3. 踢脚线、勒脚线保温做法 4. 保温隔热面层材料品种、规格、性能 5. 保温隔热材料品种、规格 6. 隔气层厚度 7. 粘结材料种类 8. 防护材料种类	m^2	按设计图示尺寸以面积计算。不扣除柱、垛所占面积	1. 基层清理 2. 铺粘保温层 3. 刷防护材料
010803002	保温隔热天棚				
010803003	保温隔热墙			按设计图示尺寸以面积计算。扣除门窗洞口所占面积；门窗洞口侧壁需做保温时，并入保温墙体工程量内	1. 基层清理 2. 底层抹灰 3. 粘贴龙骨 4. 粘贴保温材料 5. 粘贴面层 6. 嵌缝 7. 刷防护材料
010803004	保温柱			按设计图示以保温层中心线展开长度乘以保温层高度计算	
010803005	隔热楼地面			按设计图示尺寸以面积计算。不扣除柱、垛所占面积	1. 基层清理 2. 铺设粘贴材料 3. 铺贴保温层 4. 刷防护材料

4. 其他相关问题应按下列规定处理

(1) 保温隔热墙的装饰面层，应按相关项目编码列项。

(2) 柱帽保温隔热应并入天棚保温隔热工程量内。

(3) 池槽保温隔热，池壁、池底应分别编码列项，池壁应并入墙面保温隔热工程量内，池底应并入地面保温隔热工程量内。

拓展与实训

能力训练

1. 建筑面积计量工作任务书

学生姓名		学号		学习小组编号
工作任务	完成附图建筑面积工程量计量			
训练目的	熟悉建筑面积计算规则，掌握建筑面积计算方法			
能力目标	结合实际工程图样准确计算建筑面积			
原始资料	教材、建筑附图及建筑面积计算规则			
训练任务	1. 读图 2. 分析 3. 计算各层建筑面积 4. 综合总面积			
完成要求	1. 在规定时间内完成训练任务内容； 2. 完成后各学习小组选派代表对完成成果进行展示； 3. 第一学习小组对第二组进行纠错、第二组对第三组进行纠错……以此类推。			
训练步骤	读图分析（分析内容包括纵横向轴线尺寸、墙体厚度、外墙外边线尺寸等涉及本次任务的相关内容）： 一层建筑面积＝ 二层建筑面积＝ 三层建筑面积＝ 四层建筑面积＝ 五层建筑面积＝ 六层建筑面积＝ 总建筑面积＝			
本次任务完成情况总结（由学生填写）				
教师评价				

拓展与实训

2. 土石方工程工程量计量工作任务书

学生姓名		学号		学习小组编号	
工作任务	完成附图土石方工程工程量计量				
训练目的	掌握土石方工程中各分项工程工程量的计算方法				
能力目标	能结合实际工程进行各分项工程的列项及工程量的计算				
原始资料	附图；计算规则；教材				
训练任务	1. 读图 2. 分析 3. 首层建筑面积 4. 外墙外边线长 5. 外墙中心线长 6. 内墙净长线长 7. 平整场地 8. 挖基础土方 9. 挖基础土方工程量 10. 基础土方回填 11. 室内土方回填				
完成要求	1. 在规定时间内完成训练任务内容； 2. 完成后各学习小组选派代表对完成成果进行展示； 3. 第一学习小组对第二组进行纠错、第二组对第三组进行纠错……以此类推。				
训练步骤					
本次任务完成情况总结（由学生填写）					
教师评价					

拓展与实训

3. 砌筑工程工程量计量工作任务书

学生姓名		学号		学习小组编号
工作任务	完成附图建筑面积、砌筑工程量计量			
训练目的	掌握建筑面积及砌筑工程中各分项工程工程量的计算方法			
能力目标	能结合实际工程进行各分项工程的列项及工程量的计算			
原始资料	附图、建筑面积及砌筑工程工程量计算规则			
训练任务	1. 读图 2. 分析 3. 砖基础 4. 砖砌女儿墙 5. 加气混凝土砌块外墙 6. 加气混凝土砌块内墙 7. 砖地沟 8. 零星砌砖体			
完成要求	1. 在规定时间内完成训练任务内容； 2. 完成后各学习小组选派代表对完成成果进行展示； 3. 第一学习小组对第二组进行纠错、第二组对第三组进行纠错……以此类推。			
训练步骤				
本次任务完成情况总结（由学生填写）				
教师评价				

拓展与实训

4．混凝土及钢筋混凝土工程工程量计量工作任务书

学生姓名		学号		学习小组编号
工作任务	完成附图混凝土及钢筋混凝土工程工程量计量			
训练目的	掌握混凝土及钢筋混凝土工程中各分项工程工程量的计算方法			
能力目标	能结合实际工程进行各分项工程的列项及工程量的计算			
原始资料	附图（计算部位由授课教师自定）			
训练任务	1．独立基础工程量计算，框架柱工程量计算 2．构造柱工程量计算 3．基础梁工程量计算，矩形梁工程量计算，圈梁工程量计算 4．平板工程量计算，栏板工程量计算，雨篷板工程量计算，楼梯工程量计算 5．台阶工程量计算，散水工程量计算 6．钢筋工程量计算			
完成要求	1．在规定时间内完成训练任务内容； 2．完成后，各学习小组选派代表对完成成果进行展示； 3．第一学习小组对第二组进行纠错、第二组对第三组进行纠错……以此类推。			
训练步骤				
本次任务完成情况总结（由学生填写）				
教师评价				

拓展与实训

工程技能训练

1. 某 6 层砖混结构住宅楼，2～6 层建筑平面均相同，如图 3.87 所示。阳台为不封闭阳台，首层无阳台。试计算平整场地工程量。

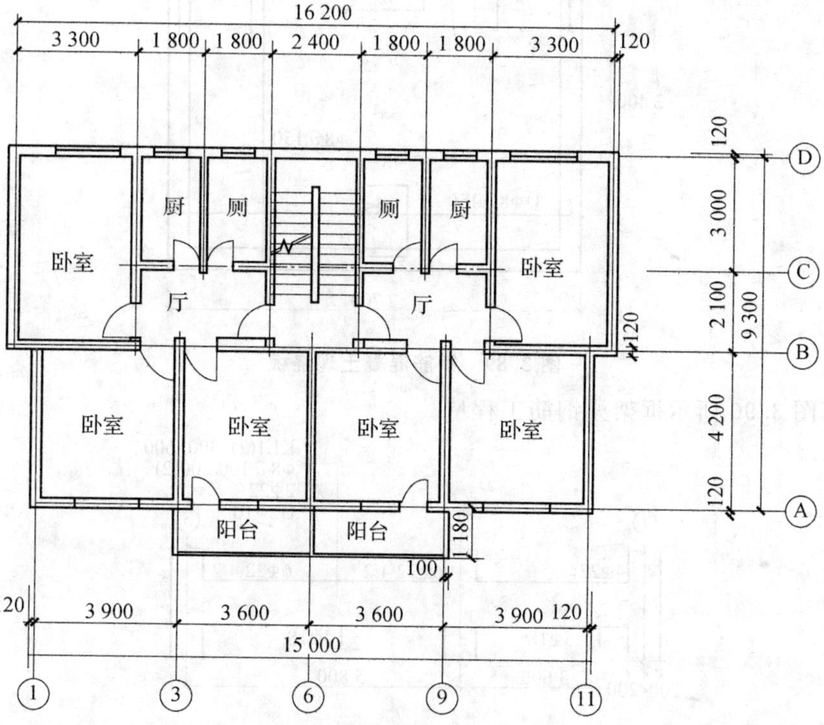

图 3.87　某 6 层砖混结构平面图

2. 平面条件同图 3.87，基础剖面如图 3.88 所示。试计算该工程的挖基槽土方工程量（假设土质为三类，不需放坡）。

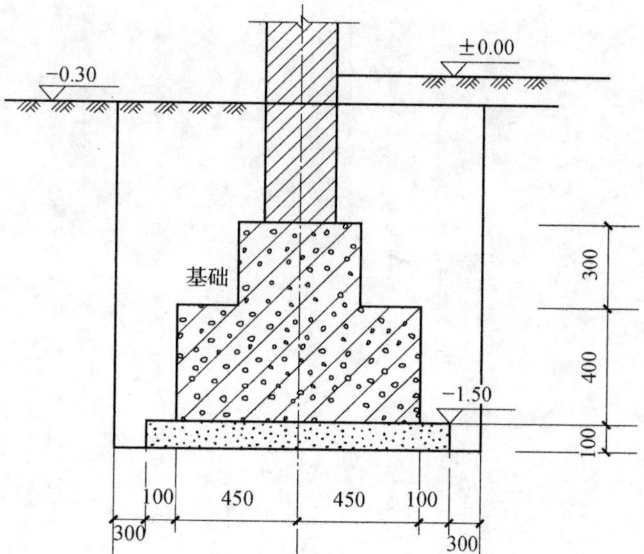

图 3.88　剖面图

拓展与实训

3. 计算图 3.89 所示钢筋混凝土现浇板钢筋工程量。

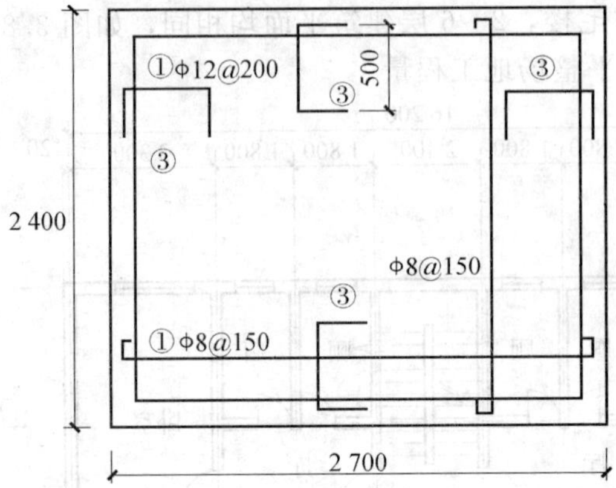

图 3.89　钢筋混凝土现浇板

4. 计算图 3.90 所示框架梁钢筋工程量。

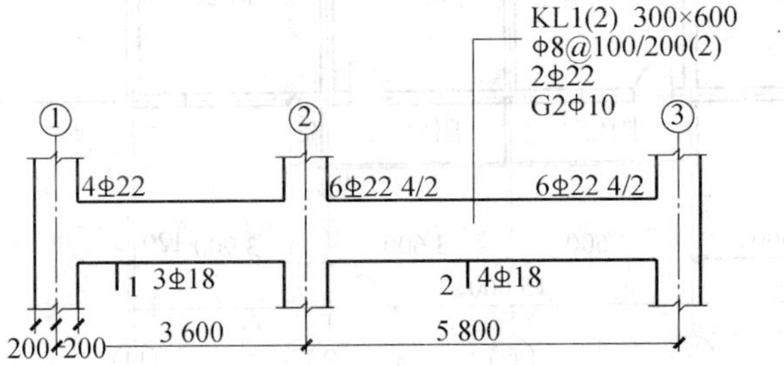

图 3.90　某框架梁

模块 4

装饰装修工程工程量清单项目及计算

【知识目标】

1. 掌握装饰装修工程各分部工程的概念及清单项目设置；
2. 掌握装饰装修工程各分部工程的计算规则及方法。

【能力目标】

1. 具备准确、熟练识图的能力；
2. 具备装饰装修工程各分部工程的计量能力；
3. 培养耐心细致、一丝不苟的工作作风和动手解决问题的能力。

4.1 楼地面工程

1. 整体面层（编码：020101）

整体面层工程清单项目设置及工程量计算规则见表 4.1。

表 4.1 整体面层工程清单项目设置及工程量计算规则

项目编码	项目名称	项目特征	计量单位	工程量计算规则	工程内容
020101001	水泥砂浆楼地面	1. 垫层材料种类、厚度 2. 找平层厚度、砂浆配合比 3. 防水层厚度、材料种类 4. 面层厚度、砂浆配合比	m²	按设计图示尺寸以面积计算。扣除凸出地面构筑物、设备基础、室内铁道、地沟等所占面积，不扣除间壁墙和 0.3 m² 以内的柱、垛、附墙烟囱及孔洞所占面积。门洞、空圈、暖气包槽、壁龛的开口部分不增加面积	1. 基层清理 2. 垫层铺设 3. 抹找平层 4. 防水层铺设 5. 抹面层 6. 材料运输
020101002	现浇水磨石楼地面	1. 垫层材料种类、厚度 2. 找平层厚度、砂浆配合比 3. 防水层厚度、材料种类 4. 面层厚度、水泥石子浆配合比 5. 嵌条材料种类、规格 6. 石子种类、规格、颜色 7. 颜料种类、颜色 8. 图案要求 9. 磨光、酸洗、打蜡要求			1. 基层清理 2. 垫层铺设 3. 抹找平层 4. 防水层铺设 5. 面层铺设嵌缝条安装 7. 磨光、酸洗、打蜡 8. 材料运输
020101003	细石混凝土地面	1. 垫层材料种类、厚度 2. 找平层厚度、砂浆配合比 3. 防水层厚度、材料种类 4. 面层厚度、混凝土强度等级			1. 基层清理 2. 垫层铺设 3. 抹找平层 4. 防水层铺设 5. 面层铺设 6. 材料运输
020101004	菱苦土楼地面	1. 垫层材料种类、厚度 2. 找平层厚度、砂浆配合比 3. 防水层厚度、材料种类 4. 面层厚度 5. 打蜡要求			1. 清理基层 2. 垫层铺设 3. 抹找平层 4. 防水层铺设 5. 面层铺设 6. 打蜡 7. 材料运输

【例 4.1】 如图 4.1 所示的某建筑平面图，地面构造做法为：20 mm 厚 1∶2 水泥砂浆抹面压实抹光（面层）；刷素水泥浆结合层一道（结合层）；60 厚 C20 细石混凝土找坡层最薄处 30 厚；聚氨酯涂膜防水层 1.5～1.8，防水层周边卷起 150；40 厚 C20 细石混凝土随打随抹平；150 厚 3∶7 灰土垫层；素土夯实。试编制水泥砂浆地面工程量清单。

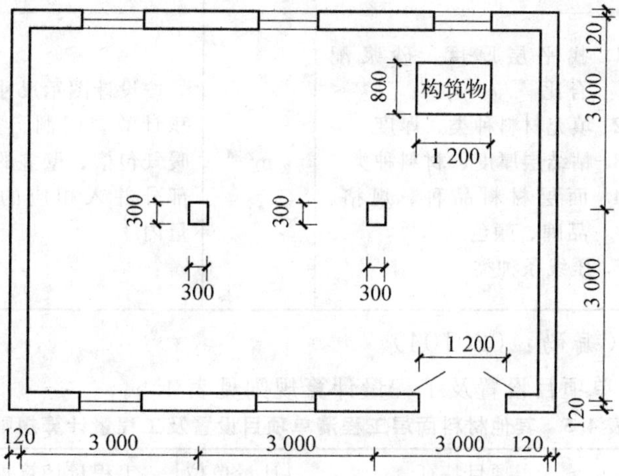

图 4.1 建筑物平面示意图

解 (1) 计算水泥砂浆地面工程量：

$S=(3\times3-0.12\times2)\times(3\times2-0.12\times2)-1.2\times0.8=49.50\ (m^2)$

(2) 水泥砂浆地面工程量清单见表 4.2。

表 4.2 水泥砂浆地面工程量清单

序号	项目编码	项目名称	计量单位	工程数量
1	020101001001	水泥砂浆楼地面 20 厚 1∶2 水泥砂浆抹面压实抹光（面层） 刷素水泥浆结合层一道（结合层） 60 厚 C20 细石混凝土找坡层，最薄处 30 厚 聚氨酯涂膜防水层 1.5～1.8，防水层周边卷起 150 40 厚 C20 细石混凝土随打随抹平 150 厚 3∶7 灰土垫层	m^2	49.50

2. 块料面层（编码：020102）

块料面层工程清单项目设置及工程量计算规则见表 4.3。

表 4.3 块料面层工程清单项目设置及工程量计算规则

项目编码	项目名称	项目特征	计量单位	工程量计算规则	工程内容
020102001	石材楼地面	1. 垫层材料种类、厚度 2. 找平层厚度、砂浆配合比 3. 防水层、材料种类 4. 填充材料种类、厚度 5. 结合层厚度、砂浆配合比 6. 面层材料品种、规格、品牌、颜色 7. 嵌缝材料种类 8. 防护层材料种类 9. 酸洗、打蜡要求	m^2	按设计图示尺寸以面积计算。扣除凸出地面构筑物、设备基础、室内铁道、地沟等所占面积，不扣除间壁墙和 0.3 m^2 以内的柱、垛、附墙烟囱及孔洞所占面积。门洞、空圈、暖气包槽、壁龛的开口部分不增加面积	1. 基层清理、铺设垫层、抹找平层 2. 防水层铺设、填充层 3. 面层铺设 4. 嵌缝 5. 刷防护材料 6. 酸洗、打蜡 7. 材料运输
020102002	块料楼地面				

3. 橡塑面层（编码：020103）

橡塑面层工程清单项目设置及工程量计算规则见表4.4。

表4.4 橡塑面层工程清单项目设置及工程量计算规则

项目编码	项目名称	项目特征	计量单位	工程量计算规则	工程内容
020103001	橡胶板楼地面	1. 找平层厚度、砂浆配合比 2. 填充材料种类、厚度 3. 粘结层厚度、材料种类 4. 面层材料品种、规格、品牌、颜色 5. 压线条种类	m^2	按设计图示尺寸以面积计算。门洞、空圈、暖气包槽、壁龛的开口部分并入相应的工程量内	1. 基层清理、抹找平层 2. 铺设填充层 3. 面层铺贴 4. 压缝条装钉 5. 材料运输
020103002	橡胶卷材楼地面				
020103003	塑料板楼地面				
020103004	塑料卷材楼地面				

4. 其他材料面层（编码：020104）

其他材料面层工程清单项目设置及工程量计算规则见表4.5。

表4.5 其他材料面层工程清单项目设置及工程量计算规则

项目编码	项目名称	项目特征	计量单位	工程量计算规则	工程内容
020104001	楼地面地毯	1. 找平层厚度、砂浆配合比 2. 填充材料种类、厚度 3. 面层材料品种、规格、品牌、颜色 4. 防护材料种类 5. 粘结材料种类 6. 压线条种类	m^2	按设计图示尺寸以面积计算。门洞、空圈、暖气包槽、壁龛的开口部分并入相应的工程量内	1. 基层清理、抹找平层 2. 铺设填充层 3. 铺贴面层 4. 刷防护材料 5. 装钉压条 6. 材料运输
020104002	竹木地板	1. 找平层厚度、砂浆配合比 2. 填充材料种类、厚度、找平层厚度、砂浆配合比 3. 龙骨材料种类、规格、铺设间距 4. 基层材料种类、规格 5. 面层材料品种、规格、品牌、颜色 6. 粘结材料种类 7. 防护材料种类 8. 油漆品种、刷漆遍数			1. 基层清理、抹找平层 2. 铺设填充层 3. 龙骨铺设 4. 铺设基层 5. 面层铺贴 6. 刷防护材料 7. 材料运输
020104003	防静电活动地板	1. 找平层厚度、砂浆配合比 2. 填充材料种类、厚度，找平层厚度、砂浆配合比 3. 支架高度、材料种类 4. 面层材料品种、规格、品牌、颜色 5. 防护材料种类			1. 清理基层、抹找平层 2. 铺设填充层 3. 固定支架安装 4. 活动面层安装 5. 刷防护材料 6. 材料运输
020104004	金属复合地板	1. 找平层厚度、砂浆配合比 2. 填充材料种类、厚度，找平层厚度、砂浆配合比 3. 龙骨材料种类、规格、铺设间距 4. 基层材料种类、规格 5. 面层材料品种、规格、品牌 6. 防护材料种类			1. 清理基层、抹找平层 2. 铺设填充层 3. 龙骨铺设 4. 基层铺设 5. 面层铺贴 6. 刷防护材料 7. 材料运输

5. 踢脚线（编码：020105）

踢脚线工程清单项目设置及工程量计算规则见表 4.6。

表 4.6 踢脚线工程清单项目设置及工程量计算规则

项目编码	项目名称	项目特征	计量单位	工程量计算规则	工程内容
020105001	水泥砂浆踢脚线	1. 踢脚线高度 2. 底层厚度、砂浆配合比 3. 面层厚度、砂浆配合比	m²	按设计图示长度乘以高度以面积计算	1. 基层清理 2. 底层抹灰 3. 面层铺贴 4. 勾缝 5. 磨光、酸洗、打蜡 6. 刷防护材料 7. 材料运输
020105002	石材踢脚线	1. 踢脚线高度 2. 底层厚度、砂浆配合比 3. 粘贴层厚度、材料种类 4. 面层材料品种、规格、品牌、颜色 5. 勾缝材料种类 6. 防护材料种类			
020105003	块料踢脚线				
020105004	现浇水磨石踢脚线	1. 踢脚线高度 2. 底层厚度、砂浆配合比 3. 面层厚度、水泥石子浆配合比 4. 石子种类、规格、颜色 5. 颜料种类、颜色 6. 磨光、酸洗、打蜡要求			
020105005	塑料板踢脚线	1. 踢脚线高度 2. 底层厚度、砂浆配合比 3. 粘结层厚度、材料种类 4. 面层材料种类、规格、品牌、颜色			
020105006	木质踢脚线	1. 踢脚线高度 2. 底层厚度、砂浆配合比 3. 基层材料种类。 4. 面层材料品种、规格、品牌、颜色 5. 防护材料种类 6. 油漆品种、刷漆遍数			1. 基层清理 2. 底层抹灰 3. 基层铺贴 4. 面层铺贴 5. 刷防护材料 6. 刷油漆 7. 材料运输
020105007	金属踢脚线				
020105008	防静电踢脚线				

6. 楼梯装饰（编码：020106）

楼梯装饰工程清单项目设置及工程量计算规则见表4.7。

表4.7 楼梯装饰工程清单项目设置及工程量计算规则

项目编码	项目名称	项目特征	计量单位	工程量计算规则	工程内容
020106001	石材楼梯面层	1. 找平层厚度、砂浆配合比 2. 粘结层厚度、材料种类 3. 面层材料品种、规格、品牌、颜色 4. 防滑条材料种类、规格 5. 勾缝材料种类 6. 防护层材料种类 7. 酸洗、打蜡要求			1. 基层清理 2. 抹找平层 3. 面层铺贴 4. 贴嵌防滑条 5. 勾缝 6. 刷防护材料 7. 酸洗、打蜡 8. 材料运输
020106002	块料楼梯面层				
020106003	水泥砂浆楼梯面	1. 找平层厚度、砂浆配合比 2. 面层厚度、砂浆配合比 3. 防滑条材料种类、规格			1. 基层清理 2. 抹找平层 3. 抹面层 4. 抹防滑条 5. 材料运输
020106004	现浇水磨石楼梯面	1. 找平层厚度、砂浆配合比 2. 面层厚度、水泥石子浆配合比 3. 防滑条材料种类、规格 4. 石子种类、规格、颜色 5. 颜料种类、颜色 6. 磨光、酸洗、打蜡要求	m^2	按设计图示尺寸以楼梯（包括踏步、休息平台及500 mm以内的楼梯井）水平投影面积计算。楼梯与楼地面相连时，算至梯口梁内侧边沿；无梯口梁者，算至最上一层踏步边沿加300 mm	1. 基层清理 2. 抹找平层 3. 抹面层 4. 贴嵌防滑条 5. 磨光、酸洗、打蜡 6. 材料运输
020106005	地毯楼梯面	1. 基层种类 2. 找平层厚度、砂浆配合比 3. 面层材料品种、规格、品牌、颜色 4. 防护材料种类 5. 粘结材料种类 6. 固定配件材料种类、规格			1. 基层清理 2. 抹找平层 3. 铺贴面层 4. 固定配件安装 5. 刷防护材料 6. 材料运输
020106006	木板楼梯面	1. 找平层厚度、砂浆配合比 2. 基层材料种类、规格 3. 面层材料品种、规格、品牌、颜色 4. 粘结材料种类 5. 防护材料种类 6. 油漆品种、刷漆遍数			1. 基层清理 2. 抹找平层 3. 基层铺贴 4. 面层铺贴 5. 刷防护材料、油漆 6. 材料运输

7. 扶手、栏杆、栏板装饰（编码：020107）

扶手、栏杆、栏板装饰工程清单项目设置及工程量计算规则见表 4.8。

表 4.8 扶手、栏杆、栏板装饰工程清单项目设置及工程量计算规则

项目编码	项目名称	项目特征	计量单位	工程量计算规则	工程内容
020107001	金属扶手带栏杆、栏板	1. 扶手材料种类、规格、品牌、颜色 2. 栏杆材料种类、规格、品牌、颜色 3. 栏板材料种类、规格、品牌、颜色 4. 固定配件种类 5. 防护材料种类 6. 油漆品种、刷漆遍数	m	按设计图纸尺寸以扶手中心线长度（包括弯头长度）计算	1. 制作 2. 运输 3. 安装 4. 刷防护材料 5. 刷油漆
020107002	硬木扶手带栏杆、栏板				
020107003	塑料扶手带栏杆、栏板				
020107004	金属靠墙扶手	1. 扶手材料种类、规格、品牌、颜色 2. 固定配件种类 3. 防护材料种类 4. 油漆品种、刷漆遍数			
020107005	硬木靠墙扶手				
020107006	塑料靠墙扶手				

8. 台阶装饰（编码：020108）

台阶装饰工程清单项目设置及工程量计算规则见表 4.9。

表 4.9 台阶装饰工程清单项目设置及工程量计算规则

项目编码	项目名称	项目特征	计量单位	工程量计算规则	工程内容
020108001	石材台阶面	1. 垫层材料种类、厚度 2. 找平层厚度、砂浆配合比 3. 粘结层材料种类 4. 面层材料品种、规格、品牌、颜色 5. 勾缝材料种类 6. 防滑条材料种类、规格 7. 防护材料种类	m^2	按设计图示尺寸以台阶（包括最上层踏步边沿加 300 mm）水平投影面积计算	1. 基层清理 2. 铺设垫层 3. 抹找平层 4. 面层铺贴 5. 贴嵌防滑条 6. 勾缝 7. 刷防护材料 8. 材料运输
020108002	块料台阶面				1. 清理基层 2. 铺设垫层 3. 抹找平层 4. 抹面层 5. 抹防滑条 6. 材料运输
020108003	水泥砂浆台阶面	1. 垫层材料种类、厚度 2. 找平层厚度、砂浆配合比 3. 面层厚度、砂浆配合比 4. 防滑条材料种类			1. 清理基层 2. 铺设垫层 3. 抹找平层 4. 抹面层 5. 贴嵌防滑条 6. 打磨、酸洗、打蜡 7. 材料运输

续表 4.9

项目编码	项目名称	项目特征	计量单位	工程量计算规则	工程内容
020108004	现浇水磨石台阶面	1. 垫层材料种类、厚度 2. 找平层厚度、砂浆配合比 3. 面层厚度、砂浆配合比 4. 防滑条材料种类 5. 石子种类、规格、颜色 6. 颜料种类、规格、颜色 7. 磨光、酸洗、打蜡要求			1. 垫层材料种类、厚度 2. 找平层厚度、砂浆配合比 3. 面层厚度、水泥石子浆配合比 4. 防滑条材料种类、规格 5. 石子种类、规格、颜色 6. 颜料种类、颜色 7. 磨光、酸洗、打蜡要求
020108005	剁假石台阶面	1. 垫层材料种类、厚度 2. 找平层厚度、砂浆配合比 3. 面层厚度、砂浆配合比 4. 剁假石要求			1. 清理基层 2. 铺设垫层 3. 抹找平层 4. 抹面层 5. 剁假石 6. 材料运输

9. 零星装饰项目

零星装饰项目工程清单项目设置及工程量计算规则见表 4.10。

表 4.10 零星装饰项目工程清单项目设置及工程量计算规则

项目编码	项目名称	项目特征	计量单位	工程量计算规则	工程内容
020109001	石材零星项目	1. 工程部位 2. 找平层厚度、砂浆配合比 3. 粘结层厚度、材料种类 4. 面层材料品种、规格、品牌、颜色 5. 勾缝材料种类 6. 防护材料种类 7. 酸洗、打蜡要求	m^2	按设计图示尺寸以面积计算	1. 清理基层 2. 抹找平层 3. 面层铺贴 4. 勾缝 5. 刷防护材料 6. 酸洗、打蜡 7. 材料运输
020109002	碎拼石材零星项目				
020109003	块料零星项目				
020109004	水泥砂浆零星项目	1. 工程部位 2. 找平层厚度、砂浆配合比 3. 面层厚度、砂浆厚度			1. 清理基层 2. 抹找平层 3. 抹面层 4. 材料运输

10. 其他相关问题应按下列规定处理

(1) 楼梯、阳台、走廊、回廊及其他的装饰性扶手、栏杆、栏板，应按相应项目编码列项。

(2) 楼梯、台阶侧面装饰，0.5 m^2 以内少量分散的楼地面装修，应按相应项目编码列项。

4.2 墙、柱面工程

1. 墙面抹灰（编码：020201）

墙面抹灰工程清单项目设置及工程量计算规则见表4.11。

表4.11 墙面抹灰工程清单项目设置及工程量计算规则

项目编码	项目名称	项目特征	计量单位	工程量计算规则	工程内容
020201001	墙面一般抹灰	1. 墙体类型 2. 底层厚度、砂浆配合比 3. 面层厚度、砂浆配合比 4. 装饰面材料种类 5. 分格缝宽度、材料种类	m^2	按设计图示尺寸以面积计算。扣除墙裙、门窗洞口及单个0.3 m^2以外的孔洞面积，不扣除踢脚线、挂镜线和墙与构件交接处的面积，门窗洞口和孔洞的侧壁及顶面不增加面积。附墙柱、梁、垛、烟囱侧壁并入相应的墙面面积内 1. 外墙抹灰面积按外墙垂直投影面积计算 2. 外墙裙抹灰面积按其长度乘以高度计算 3. 内墙抹灰面积按主墙间的净长乘以高度计算 （1）无墙裙的，高度按室内楼地面至天棚底面计算 （2）有墙裙的，高度按墙裙顶至天棚底面计算 4. 内墙裙抹灰面按内墙净长乘以高度计算	1. 基层清理 2. 砂浆制作、运输 3. 底层抹灰 4. 抹面层 5. 抹装饰面 6. 勾分格缝
020201002	墙面装饰抹灰				
020201003	墙面勾缝	1. 墙体类型 2. 勾缝类型 3. 勾缝材料种类			1. 基层清理 2. 砂浆制作、运输 3. 勾缝

2. 柱面抹灰（编码：020202）

柱面抹灰工程清单项目设置及工程量计算规则见表4.12。

表4.12 柱面抹灰工程清单项目设置及工程量计算规则

项目编码	项目名称	项目特征	计量单位	工程量计算规则	工程内容
020202001	柱面一般抹灰	1. 柱体类型 2. 底层厚度、砂浆配合比 3. 面层厚度、砂浆配合比 4. 装饰面材料种类 5. 分格缝宽度、材料种类	m^2	按设计图示柱断面周长乘以高度以面积计算	1. 基层清理 2. 砂浆制作、运输 3. 底层抹灰 4. 抹面层 5. 抹装饰面 6. 勾分格缝
020202002	柱面装饰抹灰				
020202003	柱面勾缝	1. 墙体类型 2. 勾缝类型 3. 勾缝材料种类			1. 基层清理 2. 砂浆制作、运输 3. 勾缝

3. 零星抹灰（编码：020203）

零星抹灰工程清单项目设置及工程量计算规则见表 4.13。

表 4.13 零星抹灰工程清单项目设置及工程量计算规则

项目编码	项目名称	项目特征	计量单位	工程量计算规则	工程内容
020203001	零星项目一般抹灰	1. 墙体类型 2. 底层厚度、砂浆配合比 3. 面层厚度、砂浆配合比 4. 装饰面材料种类 5. 分格缝宽度、材料种类	m^2	按设计图示尺寸以面积计算	1. 基层清理 2. 砂浆制作、运输 3. 底层抹灰 4. 抹面层 5. 抹装饰面 6. 勾分格缝
020203002	零星项目装饰抹灰				

4. 墙面镶贴块料（编码：020204）

墙面镶贴块料工程清单项目设置及工程量计算规则见表 4.14。

表 4.14 墙面镶贴块料工程清单项目设置及工程量计算规则

项目编码	项目名称	项目特征	计量单位	工程量计算规则	工程内容
020204001	石材墙面	1. 墙体类型 2. 底层厚度、砂浆配合比 3. 粘结层厚度、材料种类 4. 挂贴方式 5. 干挂方式（膨胀螺栓、钢龙骨） 6. 面层材料品种、规格、品牌、颜色 7. 缝宽、嵌缝材料种类 8. 防护材料种类 9. 磨光、酸洗、打蜡要求	m^2	按设计图示尺寸以镶贴面积计算	1. 基层清理 2. 砂浆制作、运输 3. 底层抹灰 4. 结合层铺贴 5. 面层铺贴 6. 面层挂贴 7. 面层干挂 8. 嵌缝 9. 刷防护材料 10. 磨光、酸洗、打蜡
020204002	碎拼石材				
020204003	块料墙面				
020204004	干挂石材钢骨架	1. 骨架种类、规格 2. 油漆品种、刷油遍数	t	按设计图示尺寸以质量计算	1. 骨架制作、运输、安装 2. 骨架油漆

5. 柱面镶贴块料（编码：020205）

柱面镶贴块料工程清单项目设置及工程量计算规则见表 4.15。

表 4.15 柱面镶贴块料工程清单项目设置及工程量计算规则

项目编码	项目名称	项目特征	计量单位	工程量计算规则	工程内容
020205001	石材柱面	1. 柱体材料 2. 柱截面类型、尺寸 3. 底层厚度、砂浆配合比 4. 粘结层厚度、材料种类 5. 挂贴方式 6. 干贴方式 7. 面层材料品种、规格、品牌、颜色 8. 缝宽、嵌缝材料种类 9. 防护材料种类 10. 磨光、酸洗、打蜡要求	m²	按设计图示尺寸以镶贴面积计算	1. 基层清理 2. 砂浆制作、运输 3. 底层抹灰 4. 结合层铺贴 5. 面层铺贴 6. 面层挂贴 7. 面层干挂 8. 嵌缝 9. 刷防护材料 10. 磨光、酸洗、打蜡
020205002	拼碎石材柱面				
020205003	块料柱面				
020205004	石材梁面	1. 底层厚度、砂浆配合比 2. 粘结层厚度、材料种类 3. 面层材料品种、规格、品牌、颜色 4. 缝宽、嵌缝材料种类 5. 防护材料种类 6. 磨光、酸洗、打蜡要求			1. 基层清理 2. 砂浆制作、运输 3. 底层抹灰 4. 结合层铺贴 5. 面层铺贴 6. 面层挂贴 7. 嵌缝 8. 刷防护材料 9. 磨光、酸洗、打蜡
020205005	块料梁面				

6. 零星镶贴块料（编码：020206）

零星镶贴块料工程清单项目设置及工程量计算规则见表 4.16。

表 4.16 零星镶贴块料工程清单项目设置及工程量计算规则

项目编码	项目名称	项目特征	计量单位	工程量计算规则	工程内容
020206001	石材零星项目	1. 柱、墙体类型 2. 底层厚度、砂浆配合比 3. 粘结层厚度、材料种类 4. 挂贴方式 5. 干挂方式 6. 面层材料品种、规格、品牌、颜色 7. 缝宽、嵌缝材料种类 8. 防护材料种类 9. 磨光、酸洗、打蜡要求	m²	按设计图示尺寸以镶贴面积计算	1. 基层清理 2. 砂浆制作、运输 3. 底层抹灰 4. 结合层铺贴 5. 面层铺贴 6. 面层挂贴 7. 面层干挂 8. 嵌缝 9. 刷防护材料 10. 磨光、酸洗、打蜡
020206002	拼碎石材零星项目				
020206003	块料零星项目				

7. 墙饰面（编码：020207）

墙饰面工程清单项目设置及工程量计算规则见表 4.17。

表 4.17 墙饰面工程清单项目设置及工程量计算规则

项目编码	项目名称	项目特征	计量单位	工程量计算规则	工程内容
020207001	装饰板墙面	1. 墙体类型 2. 底层厚度、砂浆配合比 3. 龙骨材料种类、规格、中距 4. 隔离层材料种类、规格 5. 基层材料种类、规格 6. 面层材料品种、规格、品牌、颜色 7. 压条材料种类、规格 8. 防护材料种类 9. 油漆品种、刷漆遍数	m^2	按设计图示墙净长乘以净高以面积计算。扣除门窗洞口及单个 0.3 m^2 以上的孔洞所占面积	1. 基层清理 2. 砂浆制作、运输 3. 底层抹灰 4. 龙骨制作、运输、安装 5. 钉隔离层 6. 基层铺钉 7. 面层铺贴 8. 刷防护材料、油漆

8. 柱（梁）饰面（编码：020208）

柱（梁）饰面工程清单项目设置及工程量计算规则见表 4.18。

表 4.18 柱（梁）饰面工程清单项目设置及工程量计算规则

项目编码	项目名称	项目特征	计量单位	工程量计算规则	工程内容
020208001	柱（梁）面装饰	1. 柱（梁）体类型 2. 底层厚度、砂浆配合比 3. 龙骨材料种类、规格、中距 4. 隔离层材料种类 5. 基层材料种类、规格 6. 面层材料品种、规格、颜色 7. 压条材料种类、规格 8. 防护材料种类 9. 油漆品种、刷漆遍数	m^2	按设计图示饰面外围尺寸以面积计算。柱帽、柱墩并入相应柱饰面工程量内	1. 清理基层 2. 砂浆制作、运输 3. 底层抹灰 4. 龙骨制作、运输、安装 5. 钉隔离层 6. 基层铺钉 7. 面层铺贴 8. 刷防护材料、油漆

9. 隔断（编码：020209）

隔断工程清单项目设置及工程量计算规则见表 4.19。

表 4.19 隔断工程清单项目设置及工程量计算规则

项目编码	项目名称	项目特征	计量单位	工程量计算规则	工程内容
020209001	隔断	1. 骨架、边框材料种类、规格 2. 隔板材料品种、规格、品牌、颜色 3. 嵌缝、塞口材料品种 4. 压条材料种类 5. 防护材料种类 6. 油漆品种、刷漆遍数	m^2	按设计图示框外围尺寸以面积计算。扣除单个 0.3 m^2 以上的孔洞所占面积；浴厕门的材质与隔断相同时，门的面积并入隔断面积内	1. 骨架及边框制作、运输、安装 2. 隔板制作、运输、安装 3. 嵌缝、塞口 4. 装钉压条 5. 刷防护材料、油漆

10. 幕墙（编码：0202010）

幕墙工程清单项目设置及工程量计算规则见表4.20。

表4.20 幕墙工程清单项目设置及工程量计算规则

项目编码	项目名称	项目特征	计量单位	工程量计算规则	工程内容
020210001	带骨架幕墙	1. 骨架材料种类、规格、中距 2. 面层材料品种、规格、品种、颜色 3. 面层固定方式 4. 嵌缝、塞口材料种类	m^2	按设计图示框外围尺寸以面积计算。与幕墙同种材质的窗所占面积不扣除	1. 骨架制作、运输、安装 2. 面层安装 3. 嵌缝、塞口 4. 清洗
020210002	全玻幕墙	1. 玻璃品种、规格、品牌、颜色 2. 粘结塞口材料种类 3. 固定方式		按设计图示尺寸以面积计算，带肋全玻幕墙按展开面积计算	1. 幕墙安装 2. 嵌缝、塞口 3. 清洗

11. 其他相关问题应按下列规定处理

(1) 石灰砂浆、水泥砂浆、水泥混合砂浆、聚合物水泥砂浆、麻刀石灰、纸筋石灰、石膏灰等的抹灰应按B.2.1中一般抹灰项目编码列项；水刷石、斩假石（剁斧石、剁假石）、干粘石、假面砖等的抹灰应按B.2.1中装饰抹灰项目编码列项。

(2) 0.5 m^2 以内少量分散的抹灰和镶贴块料面层，应按B.2.1和B.2.6中相关项目编码列项。

4.3 天棚工程

1. 天棚抹灰（编码：020301）

天棚抹灰工程清单项目设置及工程量计算规则见表4.21。

表4.21 天棚抹灰工程清单项目设置及工程量计算规则

项目编码	项目名称	项目特征	计量单位	工程量计算规则	工程内容
020301001	天棚抹灰	1. 基层类型 2. 抹灰厚度、材料种类 3. 装饰线条道数 4. 砂浆配合比	m^2	按设计图示尺寸以水平投影面积计算。不扣除间壁墙、垛、柱、附墙烟囱、检查口和管道所占的面积，带梁天棚、梁两侧抹灰面积并入天棚面积内，板式楼梯底面抹灰按斜面积计算，锯齿形楼梯底板抹灰按展开面积计算	1. 基层清理 2. 底层抹灰 3. 抹面层 4. 抹装饰线条

2. 天棚吊顶（编码：020302）

天棚吊顶工程清单项目设置及工程量计算规则见表4.22。

表4.22 天棚吊顶工程清单项目设置及工程量计算规则

<table>
<tr><th>项目编码</th><th>项目名称</th><th>项目特征</th><th>计量单位</th><th>工程量计算规则</th><th>工程内容</th></tr>
<tr><td>020302001</td><td>天棚吊顶</td><td>1. 吊顶形式
2. 龙骨类型、材料种类、规格、中距
3. 基层材料种类、规格
4. 面层材料品种、规格、品牌、颜色
5. 压条材料种类、规格
6. 嵌缝材料种类
7. 防护材料种类
8. 油漆品种、刷漆遍数</td><td rowspan="6">m^2</td><td>按设计图示尺寸以水平投影面积计算。天棚面中的灯槽及跌级、锯齿形、吊挂式、藻井式天棚面积不展开计算。不扣除间壁墙、检查口、附墙烟囱、柱垛和管道所占面积，扣除单个 $0.3\ m^2$ 以外的孔洞、独立柱及与天棚相连的窗帘盒所占的面积</td><td>1. 基层清理
2. 龙骨安装
3. 基层板铺贴
4. 面层铺贴
5. 嵌缝
6. 刷防护材料、油漆</td></tr>
<tr><td>020302002</td><td>格栅吊顶</td><td>1. 龙骨类型、材料种类、规格、中距
2. 基层材料种类、规格
3. 面层材料品种、规格、品牌、颜色
4. 防护材料种类
5. 油漆品种、刷漆遍数</td><td rowspan="5">按设计图示尺寸以水平投影面积计算</td><td>1. 基层清理
2. 底层抹灰
3. 安装龙骨
4. 基层板铺贴
5. 面层铺贴
6. 刷防护材料、油漆</td></tr>
<tr><td>020302003</td><td>吊筒吊顶</td><td>1. 底层厚度、砂浆配合比
2. 吊筒形状、规格、颜色、材料种类
3. 防护材料种类
4. 油漆品种、刷漆遍数</td><td>1. 基层清理
2. 底层抹灰
3. 吊筒安装
4. 刷防护材料、油漆</td></tr>
<tr><td>020302004</td><td>藤条造型悬挂吊顶</td><td rowspan="2">1. 底层厚度、砂浆配合比
2. 骨架材料种类、规格
3. 面层材料品种、规格、颜色
4. 防护层材料种类
5. 油漆品种、刷漆遍数</td><td rowspan="2">1. 基层清理
2. 底层抹灰
3. 龙骨安装
4. 铺贴面层
5. 刷防护材料、油漆</td></tr>
<tr><td>020302005</td><td>织物软雕吊顶</td></tr>
<tr><td>020302006</td><td>网架（装饰）吊顶</td><td>1. 底层厚度、砂浆配合比
2. 面层材料品种、规格、颜色
3. 防护材料品种
4. 油漆品种、刷漆遍数</td><td>1. 基层清理
2. 底面抹灰
3. 面层安装
4. 刷防护材料、油漆</td></tr>
</table>

3. 天棚其他装饰（编码：020303）

天棚其他装饰工程清单项目设置及工程量计算规则见表 4.23。

表 4.23 天棚其他装饰工程清单项目设置及工程量计算规则

项目编码	项目名称	项目特征	计量单位	工程量计算规则	工程内容
020303001	灯带	1. 灯带形式、尺寸 2. 格栅片材料品种、规格、品牌、颜色 3. 安装固定方式	m^2	按设计图示尺寸以框外围面积计算	安装、固定
020303002	送风口、回风口	1. 风口材料品种、规格、品牌、颜色 2. 安装固定方式 3. 防护材料种类	个	按设计图示数量计算	1. 安装、固定 2. 刷防护材料

采光天棚和天棚设保温隔热吸音层时，应按相关项目编码列项。

4.4 门窗工程

1. 木门（编码：020401）

木门工程清单项目设置及工程量计算规则见表 4.24。

表 4.24 木门工程清单项目设置及工程量计算规则

项目编码	项目名称	项目特征	计量单位	工程量计算规则	工程内容
020401001	镶板木门	1. 门类型 2. 框截面尺寸、单扇面积 3. 骨架材料种类 4. 面层材料品种、规格、品牌、颜色 5. 玻璃品种、厚度、五金材料、规格 6. 防护层材料种类 7. 油漆品种、刷漆遍数	樘/m^2	按设计图示数量或设计图示洞口尺寸面积计算	1. 门制作、运输、安装 2. 五金、玻璃安装 3. 刷防护材料、油漆
020401002	企口木板门				
020401003	实木装饰门				
020401004	胶合板门				
020401005	夹板装饰门	1. 门类型 2. 框截面尺寸、单扇面积 3. 骨架材料种类 4. 防火材料种类 5. 门纱材料品种、规格 6. 面层材料品种、规格、品牌、颜色 7. 玻璃品种、厚度、五金材料、规格 8. 防护材料种类 9. 油漆品种、刷漆遍数按设计图示数量计算			
020401006	木质防火门				
020401007	木纱门				
020401008	连窗门	1. 门窗类型 2. 框截面尺寸、单扇面积 3. 骨架材料种类 4. 面层材料品种、规格、品牌、颜色 5. 玻璃品种、厚度、五金材料、规格 6. 防护材料种类 7. 油漆品种、刷漆遍数			

2. 金属门（编码：020402）

金属门工程清单项目设置及工程量计算规则见表 4.25。

表 4.25　金属门工程清单项目设置及工程量计算规则

项目编码	项目名称	项目特征	计量单位	工程量计算规则	工程内容
020402001	金属平开门	1. 门类型 2. 框材质、外围尺寸 3. 扇材质、外围尺寸 4. 玻璃品种、厚度、五金材料、品种、规格 5. 防护材料种类 6. 油漆品种、刷漆遍数	樘/m^2	按设计图示数量或设计图示洞口尺寸面积计算	1. 门制作、运输、安装 2. 五金、玻璃安装 3. 刷防护材料、油漆
020402002	金属推拉门				
020402003	金属地弹门				
020402004	彩板门				
020402005	塑钢门				
020402006	防盗门				
020402007	钢质防火门				

3. 金属卷帘门（编码：020403）

金属卷帘门工程清单项目设置及工程量计算规则见表 4.26。

表 4.26　金属卷帘门工程清单项目设置及工程量计算规则

项目编码	项目名称	项目特征	计量单位	工程量计算规则	工程内容
020403001	金属卷闸门	1. 门材质、框外围尺寸 2. 启动装置品种、规格、品牌 3. 五金材料、品种、规格 4. 刷防护材料种类 5. 油漆品种、刷漆遍数	樘/m^2	按设计图示数量或设计图示洞口尺寸面积计算	1. 门制作、运输、安装 2. 启动装置、五金安装 3. 刷防护材料、油漆
020403002	金属格栅门				
020403003	防火卷帘门				

4. 其他门（编码：020404）

其他门工程清单项目设置及工程量计算规则见表 4.27。

表 4.27　其他门工程清单项目设置及工程量计算规则

项目编码	项目名称	项目特征	计量单位	工程量计算规则	工程内容
020404001	电子感应门	1. 门材质、品牌、外围尺寸 2. 玻璃品种、厚度、五金材料、品种、规格 3. 电子配件品种、规格、品牌 4. 防护材料种类 5. 油漆品种、刷漆遍数	樘/m^2	按设计图示数量或设计图示洞口尺寸面积计算	1. 门制作、运输、安装 2. 五金、电子配件安装 3. 刷防护材料油漆
020404002	转门				
020404003	电子对讲门				
020404004	电动伸缩门				
020404005	全玻门（带扇框）	1. 门类型 2. 框材质、外围尺寸 3. 扇材质、外围尺寸 4. 玻璃品种、厚度、五金材料、品种、规格 5. 油漆品种、刷漆遍数			1. 门制作、运输、安装 2. 五金安装 3. 刷防护材料、油漆
020404006	全玻自由门（无扇框）				
020404007	半玻门（带扇框）				
020404008	镜面不锈钢饰面门				1. 门扇骨架及基层制作、运输、安装 2. 包面层 3. 五金安装 4. 刷防护材料

5. 木窗（编码：020405）

木窗工程清单项目设置及工程量计算规则见表 4.28。

表 4.28　木窗工程清单项目设置及工程量计算规则

项目编码	项目名称	项目特征	计量单位	工程量计算规则	工程内容
020405001	木质平开窗	1. 窗类型 2. 框材质、外围尺寸 4. 扇材质、外围尺寸 4. 玻璃品种、厚度、五金材料、品种、规格 5. 防护材料种类 6. 油漆品种、刷漆遍数	樘/m^2	按设计图示数量或设计图示洞口尺寸面积计算	1. 窗制作、运输、安装 2. 五金、玻璃安装 3. 刷防护材料、油漆
020405002	木质推拉窗				
020405003	矩形木百叶窗				
020405004	异形木百叶窗				
020405005	木组合窗				
020405006	木天窗				
020405007	矩形木固定窗				
020405008	异形木固定窗				
020405009	装饰空花木窗				

6. 金属窗（编码：020406）

金属窗工程清单项目设置及工程量计算规则见表 4.29。

表 4.29　金属窗工程清单项目设置及工程量计算规则

项目编码	项目名称	项目特征	计量单位	工程量计算规则	工程内容
020406001	金属推拉窗	1. 窗类型 2. 框材质、外围尺寸 3. 扇材质、外围尺寸 4. 玻璃品种、厚度、五金材料、品种、规格 5. 防护材料种类 6. 油漆品种、刷漆遍数	樘/m^2	按设计图示数量或设计图示洞口尺寸面积计算	1. 窗制作、运输、安装 2. 五金、玻璃安装 3. 刷防护材料、油漆
020406002	金属平开窗				
020406003	金属固定窗				
020406004	金属百叶窗				
020406005	金属组合窗				
020406006	彩板窗				
020406007	塑钢窗				
020406008	金属防盗窗				
020406009	金属格栅窗				
020406010	特殊五金	1. 五金名称、用途 2. 五金材料、品种、规格	个/套	按设计图示数量计算	1. 五金安装 2. 刷防护材料、油漆

7. 门窗套（编码：020407）

门窗套工程清单项目设置及工程量计算规则见表 4.30。

表 4.30 门窗套工程清单项目设置及工程量计算规则

项目编码	项目名称	项目特征	计量单位	工程量计算规则	工程内容
020407001	木门窗套	1. 底层厚度、砂浆配合比 2. 立筋材料种类、规格 3. 基层材料种类 4. 面层材料品种、规格、品牌、颜色 5. 防护材料种类 6. 油漆品种、刷油遍数	m^2	按设计图示尺寸以展开面积计算	1. 清理基层 2. 底层抹灰 3. 立筋制作、安装 4. 基层板安装 5. 面层铺贴 6. 刷防护材料、油漆
020407002	金属门窗套				
020407003	石材门窗套				
020407004	门窗木贴脸				
020407005	硬木筒子板				
020407006	饰面夹板筒子板				

8. 窗帘盒、窗帘轨（编码：020408）

窗帘盒、窗帘轨工程清单项目设置及工程量计算规则见表 4.31。

表 4.31 窗帘盒、窗帘轨工程清单项目设置及工程量计算规则

项目编码	项目名称	项目特征	计量单位	工程量计算规则	工程内容
020408001	木窗帘盒	1. 窗帘盒材质、规格、颜色 2. 窗帘轨材质、规格 3. 防护材料种类 4. 油漆种类、刷漆遍数	m	按设计图示尺寸以长度计算	1. 制作、运输、安装 2. 刷防护材料、油漆
020408002	饰面夹板、塑料窗帘盒				
020408003	金属窗帘盒				
020408004	窗帘轨				

9. 窗台板（编码：020409）

窗台板工程清单项目设置及工程量计算规则见表 4.32。

表 4.32 窗台板工程清单项目设置及工程量计算规则

项目编码	项目名称	项目特征	计量单位	工程量计算规则	工程内容
020409001	木窗台板	1. 找平层厚度、砂浆配合比 2. 窗台板材质、规格、颜色 3. 防护材料种类 4. 油漆种类、刷漆遍数	m	按设计图示尺寸以长度计算	1. 基层清理 2. 抹找平层 3. 窗台板制作、安装 4. 刷防护材料、油漆
020409002	铝塑窗台板				
020409003	石材窗台板				
020409004	金属窗台板				

10. 其他相关问题应按下列规定处理

(1) 玻璃、百叶面积占其门扇面积一半以内者应为半玻门或半百叶门，超过一半时应为全玻门或全百叶门。

(2) 木门五金应包括：折页、插销、风钩、弓背拉手、搭扣、木螺丝、弹簧折页（自动门）、管子拉手（自由门、地弹门）、地弹簧（地弹门）、角铁、门轧头（地弹门、自由门）等。

(3) 木窗五金应包括：折页、插销、风钩、木螺丝、滑轮滑轨（推拉窗）等。

(4) 铝合金窗五金应包括：卡锁、滑轮、铰拉、执手、拉把、拉手、风撑、角码、牛角制等。

(5) 铝合门五金应包括：地弹簧、门锁、拉手、门插、门铰、螺丝等。

(6) 其他门五金应包括 L 型执手插锁（双舌）、球形执手锁（单舌）、门轧头、地锁、防盗门扣、门眼（猫眼）、门碰珠、电子销（磁卡销）、闭门器、装饰拉手等。

4.5 油漆、涂料、裱糊工程

1. 门油漆（编码：020501）

门油漆工程清单项目设置及工程量计算规则见表 4.33。

表 4.33 门油漆工程清单项目设置及工程量计算规则

项目编码	项目名称	项目特征	计量单位	工程量计算规则	工程内容
020501001	门油漆	1. 门类型 2. 腻子种类 3. 刮腻子要求 4. 防护材料种类 5. 油漆品种、刷漆遍数	樘/m^2	按设计图示数量或设计图示单面洞口面积计算	1. 基层清理 2. 刮腻子 3. 刷防护材料、油漆

2. 窗油漆（编码：020502）

窗油漆工程清单项目设置及工程量计算规则见表 4.34。

表 4.34 窗油漆工程清单项目设置及工程量计算规则

项目编码	项目名称	项目特征	计量单位	工程量计算规则	工程内容
020502001	窗油漆	1. 窗类型 2. 腻子种类 3. 刮腻子要求 4. 防护材料种类 5. 油漆品种、刷漆遍数	樘/m^2	按设计图示数量或设计图示单面洞口面积计算	1. 基层清理 2. 刮腻子 3. 刷防护材料、油漆

3. 木扶手及其他板条线条油漆（编码：020503）

木扶手及其他板条线条油漆工程清单项目设置及工程量计算规则见表 4.35。

表 4.35 木扶手及其他板条线条油漆工程清单项目设置及工程量计算规则

项目编码	项目名称	项目特征	计量单位	工程量计算规则	工程内容
020503001	木扶手油漆	1. 腻子种类 2. 刮腻子要求 3. 油漆体单位展开面积 4. 油漆体长度 5. 防护材料种类 6. 油漆品种、刷漆遍数	m	按设计图示尺寸以长度计算	1. 基层清理 2. 刮腻子 3. 刷防护材料、油漆
020503002	窗帘盒油漆				
020503003	封檐板、顺水板油漆				
020503004	挂衣板、黑板框油漆				
020503005	挂镜线、窗帘棍、单独木线油漆				

4. 木材面油漆（编码：020504）

木材面油漆工程清单项目设置及工程量计算规则见表 4.36。

表 4.36　木材面油漆工程清单项目设置及工程量计算规则

项目编码	项目名称	项目特征	计量单位	工程量计算规则	工程内容
020504001	木板、纤维板、胶合板油漆	1. 腻子种类 2. 刮腻子要求 3. 防护材料种类 4. 油漆品种、刷漆遍数	m^2	按设计图示尺寸以面积计算	1. 基层清理 2. 刮腻子 3. 刷防护材料、油漆
020504002	木护墙、木墙裙油漆				
020504003	窗台板、筒子板、盖板、门窗套、踢脚线油漆				
020504004	清水板条天棚、檐口油漆				
020504005	木方格吊顶天棚油漆				
020504006	吸音板墙面、天棚面油漆				
020504007	暖气罩油漆				
020504008	木间壁、木隔断油漆				
020504009	玻璃间壁露明墙筋油漆			按设计图示尺寸以单面外围面积计算	
020504010	木栅栏、木栏杆（带扶手）油漆				
020504011	衣柜、壁柜油漆			按设计图示尺寸以油漆部分展开面积计算	
020504012	梁柱饰面油漆				
020504013	零星木装修油漆				
020504014	木地板油漆			按设计图示尺寸以面积计算。空洞、空圈、暖气包槽、壁龛的开口部分并入相应的工程量内	
020504015	木地板烫硬蜡面	1. 硬蜡品种 2. 面层处理要求	m^2		1. 基层清理 2. 烫蜡

5. 金属面油漆（编码：020505）

金属面油漆工程清单项目设置及工程量计算规则见表 4.37。

表 4.37　金属面油漆工程清单项目设置及工程量计算规则

项目编码	项目名称	项目特征	计量单位	工程量计算规则	工程内容
020505001	金属面油漆	1. 腻子种类 2. 刮腻子要求 3. 防护材料种类 4. 油漆品种、刷漆遍数	t	按设计图示尺寸以质量计算	1. 基层清理 2. 刮腻子 3. 刷防护材料、油漆

6. 抹灰面油漆（编码：020506）

抹灰面油漆工程清单项目设置及工程量计算规则见表 4.38。

表 4.38　抹灰面油漆工程清单项目设置及工程量计算规则

项目编码	项目名称	项目特征	计量单位	工程量计算规则	工程内容
020506001	抹灰面油漆	1. 基层类型 2. 线条宽度、道数 3. 腻子种类 4. 刮腻子要求 5. 防护材料种类 6. 油漆品种、刷漆遍数	m^2	按设计图示尺寸以面积计算	1. 基层清理 2. 刮腻子 3. 刷防护材料、油漆
020506002	抹灰线条油漆		m	按设计图示尺寸以长度计算	

7. 喷刷、涂料（编码：020507）

喷刷、涂料工程清单项目设置及工程量计算规则见表 4.39。

表 4.39　喷刷、涂料工程清单项目设置及工程量计算规则

项目编码	项目名称	项目特征	计量单位	工程量计算规则	工程内容
020507001	刷喷涂料	1. 基层类型 2. 腻子种类 3. 刮腻子要求 4. 涂料品种、刷喷遍数	m^2	按设计图示尺寸以面积计算	1. 基层清理 2. 刮腻子 3. 刷、喷涂料

8. 花饰、线条刷涂料（编码：020508）

花饰、线条刷涂料工程清单项目设置及工程量计算规则见表 4.40。

表 4.40　花饰、线条刷涂料工程清单项目设置及工程量计算规则

项目编码	项目名称	项目特征	计量单位	工程量计算规则	工程内容
020508001	空花格、栏杆刷涂料	1. 腻子种类 2. 线条宽度 3. 刮腻子要求 4. 涂料品种、刷喷遍数	m^2	按设计图示尺寸以单面外围面积计算	1. 基层清理 2. 刮腻子 3. 刷、喷涂料
020508002	线条刷涂料		m	按设计图示尺寸以长度计算	

9. 裱糊（编码：020509）

裱糊工程清单项目设置及工程量计算规则见表 4.41。

表 4.41　裱糊工程清单项目设置及工程量计算规则

项目编码	项目名称	项目特征	计量单位	工程量计算规则	工程内容
020509001	墙纸裱糊	1. 基层类型 2. 裱糊构件部位 3. 腻子种类 4. 刮腻子要求 5. 粘结材料种类 6. 防护材料种类 7. 面层材料品种、规格、品牌、颜色	m^2	按设计图示尺寸以面积计算	1. 基层清理 2. 刮腻子 3. 面层铺粘 4. 刷防护材料
020509002	织锦缎裱糊				

10. 其他相关问题应按下列规定处理

(1) 门油漆应区分单层木门、双层（一玻一纱）木门、双层（单裁口）木门、全玻自由门、半玻自由门、装饰门及有框门或无框门等，分别编码列项。

(2) 窗油漆应区分单层玻璃窗、双层（一玻一纱）木窗、双层框扇（单裁口）木窗、双层框三层（二玻一纱）木窗、单层组合窗、双层组合窗、木百叶窗、木推拉窗等，分别编码列项。

(3) 木扶手应区分带托板与不带托板，分别编码列项。

参考文献

[1] 中华人民共和国住房和城乡建设部. GB 50500—2013 建设工程工程量清单计价规范 [S]. 北京：中国计划出版社，2013.

[2] 贵州省建筑工程造价管理总站. 04 贵州省建筑工程计价定额 [S]. 贵州：贵州人民出版社，2004.

[3] 中国建筑标准设计研究院. 13G101—11G101 系列图集 [S]. 北京：中国计划出版社，2009.

[4] 中华人民共和国住房和城乡建设部. GB/T 50353—2005 建筑工程建筑面积计算规范 [S]. 北京：中国计划出版社，2005.

[5] 张建平. 工程概预算 [M]. 重庆：重庆大学出版社，2001.

[6] 王朝霞. 建筑工程计量与计价 [M]. 北京：机械工业出版社，2010.

[7] 吴心伦. 安装工程造价 [M]. 重庆：重庆大学出版社，2012.

[8] 时永亮. 建筑工程造价员培训教材 [M]. 2 版. 北京：中国建材工业出版社，2013.

[9] 石永久. 建筑工程计量与计价 [M]. 哈尔滨：哈尔滨工业大学出版社，2012.